河南省工程勘察设计行业协会团体标准

套筒灌浆钢筋连接应用技术标准

Technical standard for connection of sleeve grouting reinforcement

T/HNKCSJ 0001—2020

主编单位:郑州大学综合设计研究院有限公司
批准单位:河南省工程勘察设计行业协会
施行日期:2020 年 4 月 15 日

黄 河 水 利 出 版 社
2020 郑 州

图书在版编目(CIP)数据

套筒灌浆钢筋连接应用技术标准:河南省工程勘察设计行业协会团体标准/郑州大学综合设计研究院有限公司主编.—郑州:黄河水利出版社,2020.3

ISBN 978-7-5509-2620-2

Ⅰ.①套… Ⅱ.①郑… Ⅲ.①钢筋-套筒-灌浆-连接技术-技术标准-河南 Ⅳ.①TU755.6-65

中国版本图书馆CIP数据核字(2020)第052834号

组稿编辑:王路平 电话:0371-66022212 E-mail:hhslwlp@126.com

出 版 社:黄河水利出版社

地址:河南省郑州市顺河路黄委会综合楼14层 邮政编码:450003

发行单位:黄河水利出版社

发行部电话:0371-66026940、66020550、66028024、66022620(传真)

E-mail:hhslcbs@126.com

承印单位:河南新华印刷集团有限公司

开本:850 mm×1 168 mm 1/32

印张:3

字数:80千字

版次:2020年3月第1版 印次:2020年3月第1次印刷

定价:32.00元

河南省工程勘察设计行业协会公告

第19号

关于发布《套筒灌浆钢筋连接应用技术标准》的公告

依据《中华人民共和国标准化法》、《团体标准管理规定》及《河南省工程勘察设计行业团体标准制修订管理办法》等有关规定，由郑州大学综合设计研究院有限公司等单位编制的《套筒灌浆钢筋连接应用技术标准》已通过评审，现批准为我省工程建设团体标准，编号为T/HNKCSJ 0001—2020，自2020年4月15日起在我省施行。

此标准由河南省工程勘察设计行业协会负责管理，技术解释由郑州大学综合设计研究院有限公司负责。

河南省工程勘察设计行业协会

2020年3月20日

前　言

为规范套筒灌浆钢筋连接技术在工程中的应用，标准编制组经广泛调查和试验研究，认真总结工程实践经验，根据国家有关标准的要求，结合套筒灌浆钢筋连接的技术特征，并在广泛征求意见的基础上，通过反复讨论、修改和完善，经河南省工程勘察设计行业协会组织有关专家评审通过后，由河南省工程勘察设计行业协会批准并发布实施。

本标准共7章。主要内容包括：总则、术语和符号、基本规定、设计、接头型式检验、施工和验收。

在本标准执行过程中，请各单位注意总结经验，积累资料，将有关意见和建议反馈给郑州大学综合设计研究院有限公司（郑州市金水区文化路97号，邮编450002），以供今后修订时参考。

主编单位：郑州大学综合设计研究院有限公司

参编单位：郑州大学土木工程学院
中冶建筑研究总院有限公司
中国建筑科学研究院有限公司
同济大学
河南省建设工程质量监督总站
河南财经政法大学
河南省建筑科学研究院有限公司

起草人员：于秋波　王晓锋　关　罡　赵　勇　陈　捷
王建强　赵广军　朱清华　刘雅芹　曾繁娜
李建民　刘　吉　王　渊　董西林　段媛媛

审查人员：解　伟　栾景阳　蔡黎明　娄玉宝　黄延铮
雷　霆　岳建中

目　次

1 总 则

1.0.1 为规范河南省内混凝土结构工程中套筒灌浆钢筋连接技术的应用,做到安全适用、经济合理、技术先进、确保质量,制定本标准。

1.0.2 本标准适用于抗震设防烈度不大于 8 度地区的混凝土结构房屋与一般构筑物中非疲劳设计构件中套筒灌浆钢筋连接的设计、施工及验收。

1.0.3 套筒灌浆钢筋连接的设计、施工及验收除应符合本标准外,尚应符合国家现行有关标准的规定。

2 术语和符号

2.1 术 语

2.1.1 钢筋套筒灌浆连接 grout sleeve splicing of rebars

在金属套筒中插入单根带肋钢筋并注入灌浆料拌合物，通过拌合物硬化形成整体并实现传力的钢筋对接连接，简称套筒灌浆连接。

2.1.2 钢筋连接用灌浆套筒 grout sleeve for rebar splicing

采用铸造工艺或机械加工工艺制造，用于钢筋套筒灌浆连接的金属套筒，简称灌浆套筒。灌浆套筒可分为全灌浆套筒和半灌浆套筒。

2.1.3 全灌浆套筒 whole grout sleeve

两端均采用套筒灌浆连接的灌浆套筒。

2.1.4 半灌浆套筒 grout sleeve with mechanical splicing end

一端采用套筒灌浆连接，另一端采用机械连接方式连接钢筋的灌浆套筒。

2.1.5 钢筋连接用套筒灌浆料 cementitious grout for rebar sleeve splicing

以水泥为基本材料，并配以细骨料、外加剂及其他材料混合而成的用于钢筋套筒灌浆连接的干混料，简称灌浆料。分为常温型灌浆料和低温型灌浆料。

2.1.6 常温型灌浆料 normal temperature type cementitious grout

适用于灌浆施工及养护过程中 24 h 内灌浆部位温度不低于 5 ℃的灌浆料。

2.1.7 低温型灌浆料 low temperature type cementitious grout

适用于灌浆施工及养护过程中 24 h 内灌浆部位温度不低于

－5 ℃，且灌浆施工过程中灌浆部位温度不高于 10 ℃的灌浆料。

2.1.8 灌浆料拌合物 mixed cementitious grout

灌浆料按规定比例加水搅拌后，具有规定流动性，硬化过程中具有微膨胀，且具有早强、高强等性能的浆体。

2.1.9 封浆料 mortar for plugging and partition

以水泥为基本材料，并配以细骨料、外加剂及其他材料混合而成的用于预制构件竖向拼装接缝封堵的干混料。分为常温型封浆料和低温型封浆料。

2.1.10 座浆料 dry－mixed bedding mortar

以水泥为基本材料，并配以细骨料、外加剂和其他材料混合而成的用于坐浆法施工的干混料。

2.1.11 灌浆套筒设计锚固长度 design development length for sleeve

灌浆套筒内用于钢筋锚固的深度，简称套筒设计锚固长度。

2.2 符　号

A_{sgt}——接头试件的最大力下总伸长率；

d_s——钢筋公称直径；

f_g——灌浆料 28 d 抗压强度合格指标；

f_{yk}——钢筋屈服强度标准值；

L——灌浆套筒长度；

L_g——大变形反复拉压试验变形加载值计算长度；

u_0——接头试件加载至 $0.6f_{yk}$ 并卸载后在规定标距内的残余变形；

u_4——接头试件按规定加载制度经大变形反复拉压 4 次后的残余变形；

u_8——接头试件按规定加载制度经大变形反复拉压 8 次后的残余变形；

u_{20} ——接头试件按规定加载制度经高应力反复拉压 20 次后的残余变形；

ε_{yk} ——钢筋应力为屈服强度标准值时的应变。

3 基本规定

3.1 材 料

3.1.1 套筒灌浆连接的钢筋应采用符合现行国家标准《钢筋混凝土用钢 第2部分:热轧带肋钢筋》GB/T 1499.2、《钢筋混凝土用余热处理钢筋》GB 13014要求的带肋钢筋;钢筋直径不宜小于12 mm,且不宜大于40 mm。

3.1.2 灌浆套筒应符合现行行业标准《钢筋连接用灌浆套筒》JG/T 398的有关规定。灌浆套筒灌浆端最小内径与连接钢筋公称直径的差值不宜小于表3.1.2规定的数值,灌浆端套筒设计锚固长度不宜小于插入钢筋公称直径的8倍。

表3.1.2 灌浆套筒灌浆端最小内径尺寸要求

钢筋直径(mm)	套筒灌浆端最小内径与连接钢筋公称直径差最小值(mm)
12~25	10
28~40	15

3.1.3 灌浆料性能及试验方法应符合现行行业标准《钢筋连接用套筒灌浆料》JG/T 408的有关规定,并应符合下列规定:

1 常温型灌浆料抗压强度应符合表3.1.3-1的要求,且不应低于接头设计要求的灌浆料抗压强度;灌浆料抗压强度试件应按40 mm×40 mm×160 mm尺寸制作,其加水量应按灌浆料产品说明书确定,试件应按标准方法制作,试模材质应为钢质。

2 常温型灌浆料竖向膨胀率应符合表3.1.3-2的要求。

3 常温型灌浆料拌合物的工作性能应符合表3.1.3-3的要

求,泌水率试验方法应符合现行国家标准《普通混凝土拌合物性能试验方法标准》GB/T 50080 的规定。

表 3.1.3-1 常温型灌浆料抗压强度要求

时间(龄期)	抗压强度(N/mm^2)
1 d	≥35
3 d	≥60
28 d	≥85

表 3.1.3-2 常温型灌浆料竖向膨胀率要求

项目	竖向膨胀率(%)
3 h	≥0.02
24 h 与 3 h 差值	0.02~0.30

表 3.1.3-3 常温型灌浆料拌合物的工作性能要求

项目		工作性能要求
流动度(mm)	初始	≥300
	30 min	≥260
泌水率(%)		0

4 低温型灌浆料的性能及试验方法应符合本标准附录 B 的规定。

3.1.4 构件底部封仓、连通腔周围封缝采用的封浆料应具有良好的触变性,并应符合下列规定:

1 常温型封浆料的抗压强度应满足表 3.1.4 的要求;常温型封浆料抗压强度试件应按 40 mm×40 mm×160 mm 尺寸制作,其加水量应按封浆料产品说明书确定,抗压强度试验方法应符合现行国家标准《水泥胶砂强度检验方法》GB/T 17671 的规定。

2 常温型封浆料的流动度应满足表3.1.4的要求，流动度试验方法应符合现行国家标准《水泥胶砂流动度测试方法》GB/T 2419 的规定。

表3.1.4 常温型封浆料初始流动度、抗压强度要求

项目		技术指标
抗压强度(N/mm^2)	1 d	≥30
	3 d	≥45
	28 d	≥55
初始流动度(mm)		130～170

3 低温型封浆料的性能及试验方法应符合本标准附录B的规定。

3.1.5 坐浆法施工采用的座浆料的材料性能及试验方法应符合本标准附录C的规定。

3.2 接　头

3.2.1 套筒灌浆连接接头应满足强度和变形性能要求。

3.2.2 钢筋套筒灌浆连接接头的抗拉强度不应小于连接钢筋抗拉强度标准值，且破坏时应断于接头外钢筋。

3.2.3 钢筋套筒灌浆连接接头的屈服强度不应小于连接钢筋屈服强度标准值。

3.2.4 套筒灌浆连接接头应能经受规定的高应力和大变形反复拉压循环检验，且在经历拉压循环后，其抗拉强度仍应符合本标准第3.2.2条的规定。

3.2.5 套筒灌浆连接接头单向拉伸、高应力反复拉压、大变形反复拉压试验加载过程中，当接头拉力达到连接钢筋抗拉荷载标准值的1.15倍而未发生破坏时,应判为抗拉强度合格,可停止试验;当接头极限拉力超过连接钢筋抗拉荷载标准值的1.15倍,无论发生何种破坏,均可判为抗拉强度合格。

3.2.6 套筒灌浆连接接头的变形性能应符合表3.2.6的规定。当频遇荷载组合下,构件中钢筋应力高于钢筋屈服强度标准值f_{yk}的0.6倍时,设计单位可对单向拉伸残余变形的加载峰值u_0提出调整要求。

表3.2.6 套筒灌浆连接接头的变形性能

项目		变形性能要求
对中单向拉伸	残余变形(mm)	$u_0 \leqslant 0.10(d \leqslant 32)$ $u_0 \leqslant 0.14(d > 32)$
	最大力下总伸长率(%)	$A_{sgt} \geqslant 6.0$
高应力反复拉压	残余变形(mm)	$u_{20} \leqslant 0.3$
大变形反复拉压	残余变形(mm)	$u_4 \leqslant 0.3$ 且 $u_8 \leqslant 0.6$

注:u_0为接头试件加载至$0.6f_{yk}$并卸载后在规定标距内的残余变形;A_{sgt}为接头试件的最大力下总伸长率;u_{20}为接头试件按规定加载制度经高应力反复拉压20次后的残余变形;u_4为接头试件按规定加载制度经大变形反复拉压4次后的残余变形;u_8为接头试件按规定加载制度经大变形反复拉压8次后的残余变形。

4 设 计

4.0.1 采用钢筋套筒灌浆连接的钢筋混凝土结构，设计应符合国家现行标准《混凝土结构设计规范》GB 50010、《建筑抗震设计规范》GB 50011、《装配式混凝土结构技术规程》JGJ 1 的有关规定。

4.0.2 采用套筒灌浆连接的构件混凝土强度等级不宜低于 C30。

4.0.3 当装配式混凝土结构采用符合本标准规定的套筒灌浆连接接头时，构件全部纵向受力钢筋可在同一截面上连接。

4.0.4 多遇地震组合下，全截面受拉钢筋混凝土构件纵筋不宜全部在同一截面采用钢筋套筒灌浆连接。

4.0.5 采用套筒灌浆连接的混凝土构件设计应符合下列规定：

1 接头连接钢筋的强度等级不应高于灌浆套筒规定的连接钢筋强度等级。

2 全灌浆套筒两端及半灌浆套筒灌浆端连接钢筋的直径规格不应大于灌浆套筒规定的连接钢筋直径规格，且不宜小于灌浆套筒规定的连接钢筋直径规格一级以上，不应小于灌浆套筒规定的连接钢筋直径规格二级以上。

3 半灌浆套筒预制端机械连接钢筋的直径规格应与灌浆套筒规定的连接钢筋直径相同。

4 构件配筋方案应根据灌浆套筒外径、长度及灌浆施工要求确定。

5 构件钢筋插入灌浆套筒的锚固长度应符合灌浆套筒参数要求，构件钢筋外露长度应根据其插入灌浆套筒的锚固长度及构件连接接缝宽度、构件连接节点构造做法与施工允许偏差等要求确定。

6 竖向构件配筋设计应结合灌浆孔、出浆孔位置。

7 底部设置键槽的预制柱，应在键槽处设置排气孔，且排气孔位置应高于最高位出浆孔,高差不宜小于 100 mm。

4.0.6 混凝土构件中灌浆套筒的净距不应小于 25 mm。

4.0.7 混凝土构件的灌浆套筒长度范围内,预制混凝土柱箍筋的混凝土保护层厚度不应小于 20 mm,预制混凝土墙最外层钢筋的混凝土保护层厚度不应小于 15 mm。

5 接头型式检验

5.0.1 属于下列情况时,应进行接头型式检验:

1 确定接头性能时。

2 灌浆套筒材料、工艺、结构改动时。

3 灌浆料型号、成分改动时。

4 钢筋强度等级、肋形发生变化时。

5 型式检验报告超过4年。

5.0.2 用于型式检验的钢筋、灌浆套筒、灌浆料应符合国家现行标准《钢筋混凝土用钢 第2部分:热轧带肋钢筋》GB/T 1499.2、《钢筋混凝土用余热处理钢筋》GB 13014、《钢筋连接用灌浆套筒》JG/T 398、《钢筋连接用套筒灌浆料》JG/T 408的规定。

5.0.3 每种套筒灌浆连接接头型式检验的试件数量与检验项目应符合下列规定:

1 对中接头试件应为9个,其中3个做单向拉伸试验、3个做高应力反复拉压试验、3个做大变形反复拉压试验。

2 偏置接头试件应为3个,做单向拉伸试验。

3 钢筋试件应为3个,做单向拉伸试验。

4 全部试件的钢筋均应在同一炉(批)号的1根或2根钢筋上截取。

5.0.4 型式检验的送检单位应为灌浆套筒、灌浆料生产单位,并应分别提供合格有效的灌浆套筒和灌浆料的型式检验报告。

当灌浆套筒、灌浆料由不同生产单位生产时,半灌浆套筒送检单位应为套筒生产单位;全灌浆套筒送检单位宜为套筒生产单位,也可为灌浆料生产单位;非送检单位产品应得到其生产单位的确认或许可。

5.0.5 用于型式检验的套筒灌浆连接接头试件、灌浆料试件应在检验单位监督下由送检单位制作，并应符合下列规定：

1 3 个偏置接头试件应保证一端钢筋插入灌浆套筒中心，一端钢筋偏置后钢筋横肋与套筒壁接触；9 个对中接头试件的钢筋均应插入灌浆套筒中心；所有接头试件的钢筋应与灌浆套筒轴线重合或平行，钢筋在灌浆套筒插入深度不应大于套筒设计锚固长度。

2 接头试件应按本标准第 6.4.10 条、第 6.4.11 条的有关规定进行灌浆；对于半灌浆套筒连接，机械连接端的加工应符合本标准第 6.3 节和现行行业标准《钢筋机械连接技术规程》JGJ 107 的有关规定。

3 采用灌浆料拌合物制作的 40 mm×40 mm×160 mm 试件不应少于 2 组。

4 常温型灌浆料接头试件应在标准养护条件下养护；常温型灌浆料试件养护温度应为 20 ℃±1 ℃，养护室的相对湿度不应低于 90%，养护水的温度应为 20 ℃±1 ℃。

5 低温型灌浆料接头试件及灌浆料试件的制作及养护条件应符合本标准附录 B 的规定。

6 接头试件在试验前不应进行预拉。

5.0.6 型式检验试验时，灌浆料抗压强度不应小于 80 N/mm^2，且不应大于 95 N/mm^2；当灌浆料 28 d 抗压强度合格指标（f_g）高于 85 N/mm^2 时，试验时的灌浆料抗压强度低于 28 d 抗压强度合格指标（f_g）的数值不应大于 5 N/mm^2，且超过 28 d 抗压强度合格指标（f_g）的数值不应大于 10 N/mm^2 与 $0.1f_g$ 二者的较大值。

5.0.7 型式检验的试验方法应符合现行行业标准《钢筋机械连接技术规程》JGJ 107 的有关规定，并应符合下列规定：

1 接头试件的加载力应符合本标准第 3.2.5 条的规定。

2 偏置单向拉伸接头试件的抗拉强度试验应采用零到破坏的一次加载制度。

3 大变形反复拉压试验的前后反复 4 次变形加载值分别应取 2 $\varepsilon_{yk}L_g$ 和 5 $\varepsilon_{yk}L_g$,其中 ε_{yk} 是钢筋应力为屈服强度标准值时的应变,大变形反复拉压试验变形加载值计算长度 L_g 应按下列公式计算

全灌浆套筒连接

$$L_g = \frac{L}{4} + 4d_s \tag{5.0.7-1}$$

半灌浆套筒连接

$$L_g = \frac{L}{2} + 4d_s \tag{5.0.7-2}$$

式中 L——灌浆套筒长度,mm;

d_s——钢筋公称直径,mm。

5.0.8 当型式检验的灌浆料抗压强度符合本标准第 5.0.6 条的规定,且型式检验试验结果符合下列规定时,可评为合格:

1 强度检验:每个接头试件的抗拉强度实测值均应符合本标准第 3.2.2 条的强度要求;3 个对中单向拉伸试件、3 个偏置单向拉伸试件的屈服强度实测值的平均值均应符合本标准第 3.2.3 条的强度要求。

2 变形检验:对残余变形和最大力下总伸长率,相应项目的 3 个试件实测值的平均值应符合本标准第 3.2.6 条的规定;每个试件残余变形的最大值不应大于本标准表 3.2.6 规定限值的 1.5 倍,每个试件最大力下总伸长率最小值不应小于 4.0%。

3 灌浆料检验:常温型灌浆料试件 28 d 抗压强度和灌浆料 30 min 流动度应符合本标准第 3.1.3 条的要求;低温型灌浆料试件 28 d 抗压强度和灌浆料 30 min 流动度应符合本标准第 B.0.1 条的要求。

5.0.9 型式检验应由专业检测机构进行,并应按本标准第 A.0.1 条规定的格式出具检验报告。

6 施　工

6.1 一般规定

6.1.1 套筒灌浆连接应采用由接头提供单位提供的灌浆套筒、灌浆料，并应符合下列规定：

1 灌浆套筒与灌浆料应在构件生产和施工前确定。

2 灌浆套筒、灌浆料生产单位作为接头提供单位时，接头提供单位应提交所有使用接头规格的有效型式检验报告，并提供接头制作、安装及现场灌浆施工作业指导书；施工单位、构件生产单位作为接头提供单位时，接头提供单位应完成所有接头的匹配检验。

3 接头匹配检验时，送检单位应向检验单位提供有效的灌浆套筒和灌浆料型式检验报告，检验要求应符合本标准第5章接头型式检验的规定。匹配检验针对实际工程进行，且仅对具体工程项目一次有效。匹配检验应委托专业检测机构进行，并应按本标准附录A中A.0.1规定的格式出具检验报告。

4 灌浆施工中如单独更换灌浆料，则施工单位应作为接头提供单位在灌浆施工前重新委托进行涉及钢筋的接头匹配检验及有关材料进场检验，所有检验均应在监理单位（建设单位）、第三方检测单位代表的见证下制作试件并一次合格。

5 型式检验报告、匹配检验报告尚应符合下列规定：

（1）接头连接钢筋的强度等级低于灌浆套筒规定的连接钢筋强度等级时，可按实际应用规格的灌浆套筒提供检验报告。

（2）对于预制端连接钢筋直径小于灌浆端连接钢筋直径的半灌浆变径接头，可提供两种直径钢筋的等径同类型检验报告作为依据，其他变径接头可按实际应用规格的灌浆套筒提供检验报告。

6.1.2 钢筋套筒灌浆连接施工应按施工条件选择灌浆料种类并编制专项施工方案。

6.1.3 半灌浆套筒机械连接端的钢筋丝头加工、连接安装以及各类灌浆施工套筒现场灌浆施工等岗位的操作人员应经过相应的培训后上岗,且人员宜固定。

6.1.4 对于首次施工,宜选择有代表性的单元或部位进行试制作、试安装、试灌浆。

6.1.5 施工现场灌浆料宜存储在室内,并应采取防雨、防潮、防晒措施。在有关检验完成前,应留存工程实际使用的灌浆套筒、有效期内灌浆料。

6.1.6 灌浆施工前,应对不同钢筋生产单位的进场钢筋进行接头工艺检验,检验合格后方可施工。接头工艺检验应符合下列规定:

1 工艺检验应在构件生产前及灌浆施工前分别进行。当现场灌浆施工队伍与工艺检验时的灌浆队伍相同时,灌浆前可不再进行工艺检验。

2 对已完成匹配检验的工程,如现场灌浆施工队伍与匹配检验时的灌浆队伍相同,可由匹配检验代替同规格接头的工艺检验。

3 工艺检验应模拟施工条件、操作工艺制作接头试件,并应按接头提供单位提供的施工操作要求进行。半灌浆套筒机械连接端加工应符合本标准第6.3节的规定。

4 施工过程中如发生下列情况应再次进行工艺检验:

(1)当更换钢筋生产单位,或同一生产单位生产的钢筋外形尺寸与已完成工艺检验的钢筋有差异,或灌浆时。

(2)更换灌浆施工工艺。

(3)更换灌浆操作队伍。

5 试件应符合下列规定:

(1)每种规格钢筋应制作3个对中套筒灌浆连接接头,变径接头应单独制作。

(2)采用灌浆料拌合物制作的40 mm×40 mm×160 mm试件不应少于1组。

(3)常温型灌浆料的接头试件应在标准养护条件下养护28 d,常温型灌浆料试件应按本标准第5.0.5条第4款的规定养护28 d;低温型灌浆料的接头试件及灌浆料试件的制作及养护条件应符合本标准附录B的规定。

6 检验应符合下列规定:

(1)每个接头试件的抗拉强度、屈服强度应符合本标准第3.2.2条、第3.2.3条的规定,3个接头试件残余变形的平均值应符合本标准表3.2.6的规定;灌浆料抗压强度应符合本标准第3.1.3条规定的28 d抗压强度要求。

(2)接头试件在量测残余变形后再进行抗拉强度试验,并应按现行行业标准《钢筋机械连接技术规程》JGJ 107规定的钢筋机械连接型式检验单向拉伸加载制度进行试验。

(3)第一次工艺检验中1个试件抗拉强度或3个试件的残余变形平均值不合格时,可再抽3个试件进行复检,复检仍不合格判为工艺检验不合格。

(4)工艺检验应委托专业检测机构进行,并应按本标准附录A第A.0.2条规定的格式出具检验报告。

6.1.7 施工过程中,应有质量检验人员全过程质量监督,及时形成灌浆施工质量检查记录,并留存包含灌浆部位、时间、过程及检验内容的影像资料。如发生检查记录与影像资料丢失或无法证明工程质量的情况,应在混凝土结构子分部工程验收时对此处施工质量进行实体检验。

现浇与预制转换层构件安装、灌浆施工应由监理单位(建设单位)代表100%旁站见证。

6.1.8 施工单位或监理单位代表宜驻厂监督预制构件制作生产过程。

6.2 构件制作

6.2.1 预制构件钢筋及灌浆套筒的安装应符合下列规定:

1 连接钢筋与全灌浆套筒安装时,应逐根插入灌浆套筒内,插入深度应满足设计锚固深度要求。

2 钢筋和灌浆套筒安装时,应将其固定在模具上,灌浆套筒与柱底、墙底模板应垂直,应采用橡胶环、螺杆等固定件避免混凝土浇筑、振捣时灌浆套筒和连接钢筋移位,全灌浆套筒与构件纵向受力钢筋间隙应采用橡胶塞等密封措施,并应采取保证钢筋与灌浆套筒同轴的措施,全灌浆套筒预制端钢筋安装时,应采取措施保证预制构件纵向受力钢筋插入套筒深度符合设计要求。

3 与灌浆套筒连接的灌浆管、出浆管应定位准确、安装稳固,还应保持管内畅通,无弯折堵塞。

4 灌浆套筒的灌浆连接管和出浆连接管应均匀、分散布置,相邻管净距不应小于 25 mm 和管道直径的较大值。

6.2.2 对于同类型的首个预制构件,建设单位应组织设计、施工、监理、预制构件生产等单位进行检验,合格后方可进行批量生产。

6.2.3 浇筑混凝土之前,应进行钢筋隐蔽工程检查。隐蔽工程检查应包括下列内容:

1 纵向受力钢筋的牌号、规格、数量、位置。

2 灌浆套筒的型号、数量、位置及灌浆孔、出浆孔、排气孔的位置。

3 钢筋的连接方式、接头位置、接头质量、接头面积百分率、搭接长度、锚固方式及锚固长度。

4 箍筋、横向钢筋的牌号、规格、数量、间距、位置,箍筋弯钩的弯折角度及平直段长度。

5 预埋件的规格、数量和位置。

6.2.4 混凝土应浇筑密实。混凝土浇捣时应避免灌浆套筒移位和灌浆连接管、出浆连接管、排气管破损进浆。

6.2.5 预制构件拆模后，灌浆套筒的位置及外露钢筋位置、长度偏差应符合表6.2.5的规定。

表6.2.5 预制构件灌浆套筒和外露钢筋的允许偏差及检验方法

项目		允许偏差(mm)	检验方法
灌浆套筒中心位置		2	尺量
外露钢筋	中心位置	2	
	外露长度	+10 0	

6.2.6 预制构件制作及运输过程中，应对外露钢筋、灌浆套筒分别采取包裹、封盖措施。

6.2.7 预制构件出厂前，应对灌浆套筒的灌浆孔和出浆孔进行畅通性检查，并清理灌浆套筒内的杂物。

6.2.8 预制构件出厂时，应将满足灌浆施工过程检验要求数量的全灌浆套筒或已安装机械连接端钢筋的半灌浆套筒，以及检验用接头连接钢筋一并运至施工现场。

6.3 半灌浆套筒机械连接端

6.3.1 半灌浆套筒机械连接端的钢筋丝头加工应符合下列规定：

1 钢筋端部应采用带锯、砂轮锯或带圆弧形刀片的专用钢筋切断机切平。

2 镦粗头不应有与钢筋轴线相垂直的横向裂纹。

3 钢筋丝头加工应使用水性切削液，不得使用油性润滑液。

4 钢筋丝头长度应满足产品设计要求，极限偏差应为0～1.0p。

5 钢筋丝头宜满足6f级精度要求，应采用专用直螺纹量规检验，通规应能顺利旋入并达到要求的拧入长度，止规旋入不得超过 $3p$。各规格的自检数量不应少于10%，检验合格率不应小于95%。

6.3.2 半灌浆套筒机械连接端的接头安装应符合下列规定：

1 安装接头时可用管钳扳手拧紧。

2 接头安装后应用扭矩扳手校核拧紧扭矩，最小拧紧扭矩值应符合表6.3.2的规定。

表6.3.2 半灌浆套筒机械连接端接头安装时最小拧紧扭矩值

钢筋直径(mm)	≤16	18～20	22～25	28～32	36～40
最小扭矩(N·m)	80(球墨铸铁灌浆套筒) 100(钢质机械加工灌浆套筒)	200	260	320	360

3 校核用扭矩扳手的准确度级别可选用10级。

6.3.3 半灌浆套筒机械连接端加工过程中，应按现行行业标准《钢筋机械连接技术规程》JGJ 107及本标准第6.3.1条、第6.3.2条的规定对丝头加工质量及拧紧力矩进行检查。

检查合格率不应小于95%。如丝头加工质量合格率小于95%，应全数检查丝头并作废不合格丝头；如拧紧力矩合格率小于95%，应重新拧紧全部接头，直到合格为止。

6.4 安装与连接

6.4.1 连接部位现浇混凝土施工过程中，应采取设置定位架等措施保证外露钢筋的位置、长度和顺直度，并应避免污染钢筋。

6.4.2 与预制构件连接部位的现浇混凝土完成面应符合设计要求的控制面层标高及粗糙度。

6.4.3 预制构件吊装前，应检查构件的类型与编号。当灌浆套筒内有杂物时,应清理干净。

6.4.4 预制构件就位前,应按下列规定检查现浇结构施工质量:

1 现浇结构与预制构件的结合面应符合设计及现行行业标准《装配式混凝土结构技术规程》JGJ 1 的有关规定。

2 现浇结构施工后外露连接钢筋的位置、尺寸偏差应符合表6.4.4 的规定,超过允许偏差的应予以处理。

表6.4.4 现浇结构施工后外露连接钢筋的位置、尺寸允许偏差及检验方法

项目	允许偏差(mm)	检验方法
中心位置	3	尺量
外露长度、顶点标高	+15 0	

3 外露连接钢筋的表面不应黏连混凝土、砂浆,不应发生锈蚀。

4 当外露连接钢筋倾斜时,应进行校正。

5 现浇结构的连接界面应清理干净。

6.4.5 预制柱、墙安装前,应在预制构件及其支承构件间设置垫片,并应符合下列规定:

1 宜采用钢质垫片,垫片厚度不应超过接缝宽度。

2 可通过垫片调整预制构件的底部标高,可通过斜撑调整构件安装的垂直度。

3 垫片处的混凝土局部受压应按下式进行验算:

$$F \leqslant 2f'_c A_l \quad (6.4.5)$$

式中 F_l ——作用在垫片上的压力值,可取1.5倍构件自重;

A_l ——垫片的承压面积,可取所有垫片的面积和;

f'_c ——预制构件安装时,预制构件及其支承构件的混凝土轴心抗压强度设计值较小值。

6.4.6 灌浆施工方式应符合设计及施工方案要求,并应符合下列规定:

1 应根据施工条件、操作经验在连通腔灌浆施工工艺、坐浆法施工工艺中选择;高层建筑预制剪力墙宜采用连通腔灌浆施工工艺,当有可靠经验时,也可采用坐浆法施工工艺。

2 钢筋水平连接时,灌浆套筒应各自独立灌浆,并应采用封口装置使套筒端部密闭。

3 竖向构件采用连通腔灌浆时,应合理划分连通灌浆区域;每个区域除预留灌浆孔、出浆孔与排气孔外,应形成密闭空腔,不应漏浆;连通灌浆区域内任意两个灌浆套筒间距离不宜超过 1.5 m,连通腔内预制构件底部与下方结构上表面的最小间隙不得小于 10 mm。

4 竖向预制构件采用坐浆法施工时,应符合本标准附录 C 的有关规定。

6.4.7 预制柱、墙的安装应符合下列规定:

1 临时固定措施的设置应符合现行国家标准《混凝土结构工程施工规范》GB 50666 的有关规定。

2 采用连通腔灌浆方式时,灌浆施工前应对各连通灌浆区域采用专用封浆料进行封堵;应确保连通灌浆区域与灌浆套筒、排气孔通畅,并采取可靠措施避免封堵材料进入灌浆套筒、排气孔内;灌浆前应确认封堵效果能够满足灌浆压力需求,方可进行灌浆作业。

3 预制夹心保温外墙板的保温材料下应采用珍珠棉、发泡橡塑或可压缩 EVA 等封堵材料密封。封堵材料伸入连接接缝的深度不宜小于 15 mm,且不应超过套筒外壁。

4 构件安装就位后,应由质量检验人员采用内窥方式检查套筒内的钢筋插入情况并计入施工记录,其中现浇与预制转换层应100% 检查,其余楼层应抽查 1% 且不少于 30 个套筒。

6.4.8 预制梁和既有结构改造现浇部分的水平钢筋采用套筒灌浆连接时，施工措施应符合下列规定：

1 连接钢筋的外表面应标记插入灌浆套筒最小锚固长度的标志，标志位置应准确、颜色应清晰。

2 对灌浆套筒与钢筋之间的缝隙应采取防止灌浆时灌浆料拌合物外漏的封堵措施。

3 预制梁的水平连接钢筋轴线偏差不应大于 5 mm，超过允许偏差的应予以处理。

4 与既有结构的水平钢筋相连接时，新连接钢筋的端部应设有保证连接钢筋同轴、稳固的装置。

5 灌浆套筒安装就位后，灌浆孔、出浆孔应在套筒水平轴正上方 ±45°的锥体范围内，并安装有孔口超过灌浆套筒外表面最高位置的连接管或连接头。

6.4.9 灌浆施工时，应根据施工环境温度与灌浆部位温度选择相应灌浆料，并应符合下列规定：

1 常温型灌浆料灌浆施工及养护过程中 24 h 内灌浆部位温度不应低于 5 ℃。

2 当日平均气温高于 25 ℃时，应测量施工环境温度；当日最高气温低于 10 ℃时，应测量施工环境温度及灌浆部位温度，测温宜采用具有自动测量和存储的仪器。

3 当施工环境温度高于 30 ℃时，应采取降低灌浆料拌合物温度的措施。

4 当采用常温型灌浆料且施工环境温度低于 5 ℃时，应采取加热及封闭保温措施，确保施工环境温度、灌浆部位温度在 5 ℃以上的时间达到 1 d，之后宜继续保温 2 d；如施工环境温度低于 0 ℃，不得采用常温型灌浆料施工。

5 当连续 3 d 的施工环境温度、灌浆部位温度的最高值均低于 10 ℃时，可以采用低温型灌浆料。低温型灌浆料灌浆施工及养护过程中 24 h 内灌浆部位温度不应低于 -5 ℃,且灌浆施工时的环境温度、灌浆部位温度不应高于 10 ℃。低温型灌浆料的其他要求应满足本标准附录 B 的规定。

6.4.10 灌浆料、封浆料、座浆料使用前,应检查产品包装上的有效期和产品外观。灌浆料使用应符合下列规定:

1 拌合用水应符合现行行业标准《混凝土用水标准》JGJ 63 的有关规定，低温型灌浆料用水尚应符合本标准附录 C 的有关规定。

2 加水量应按灌浆料、封浆料、座浆料使用说明书的要求确定,并应按重量计量。

3 灌浆料、封浆料、座浆料拌合物宜采用强制式搅拌机搅拌充分、均匀,灌浆料宜静置 2 min 后使用。

4 搅拌完成后,不得再次加水。

5 每工作班应检查灌浆料、封浆料拌合物初始流动度不少于 1 次,常温型灌浆料指标应符合本标准第 3.1.3 条的规定,常温型封浆料指标应符合本标准第 3.1.4 条的规定,低温型灌浆料、封浆料的指标应符合本标准附录 B 的规定。座浆料指标及检验要求应符合本标准附录 C 的规定。

6 强度检验试件的留置数量应符合验收及施工控制要求。

6.4.11 灌浆施工应按施工方案执行,并应符合下列规定:

1 灌浆施工应及时形成施工记录。对连通腔灌浆方式,施工记录应体现灌浆仓编号及每个灌浆仓内所包含的套筒规格、数量、对应构件的信息。

2 灌浆施工宜采用压力、流量可调节的专用设备。施工前应按施工方案核查灌浆料搅拌设备、灌浆设备,施工中应核查灌浆压力、灌浆速度。灌浆施工中,灌浆速度宜先快后慢,并合理控制。灌浆压力宜为 0.2 ~0.3 N/mm^2,且持续灌浆过程的压力不应大于 0.4 N/mm^2,后期灌浆压力不宜大于 0.2 N/mm^2。

3 对竖向钢筋套筒灌浆连接，灌浆作业应采用压浆法从灌浆套筒下灌浆孔注入，当灌浆料拌合物从构件其他灌浆孔、出浆孔流出后应及时封堵。

4 竖向钢筋套筒灌浆连接采用连通腔灌浆时，应采用一点灌浆的方式；当一点灌浆遇到问题而需要改变灌浆点时，各灌浆套筒已封堵的上部灌浆孔、上部出浆孔宜重新打开，待灌浆料拌合物再次流出后进行封堵。

5 对水平钢筋套筒灌浆连接，灌浆作业应采用压浆法从灌浆套筒灌浆孔注入，当灌浆套筒灌浆孔、出浆孔的连接管或连接头处的灌浆料拌合物均高于灌浆套筒外表面最高点时应停止灌浆，并及时封堵灌浆孔、出浆孔。

6 灌浆料宜在加水后 30 min 内用完。

7 散落的灌浆料拌合物不得二次使用；剩余的拌合物不得再次添加灌浆料、水后混合使用。

6.4.12 灌浆施工中，宜采用方便观察且有补浆功能的工具或其他可靠手段对钢筋套筒灌浆连接接头灌浆饱满性进行监测。现浇与预制转换层应 100% 采用；其余楼层宜抽取不少于灌浆套筒总数的 20%，每个构件宜抽取不少于 3 个套筒，其中外墙每个构件宜抽取不少于 5 个套筒。

6.4.13 当灌浆施工出现无法出浆的情况或者灌浆料拌合物液面下降等异常情况时，应查明原因，并采取相应的施工措施，采取的施工措施应符合下列规定：

1 对未密实饱满及灌浆料拌合物液面下降的灌浆套筒，应及时进行补灌浆作业。当在灌浆料加水拌合 30 min 内时，宜从原灌浆孔补灌；当已灌注灌浆料拌合物已无法流动时，可从出浆孔补灌浆，并应采用手动设备结合细管压力灌浆。

2 水平钢筋连接灌浆施工停止后 30 s，当发现灌浆料拌合物下降时，应检查灌浆套筒的密封或灌浆料拌合物排气情况，并及时补灌或采取其他措施。

3 补灌应在灌浆料拌合物达到设计规定的位置后停止，并应在灌浆料凝固后再次检查其位置是否符合设计要求。

6.4.14 灌浆料同条件养护试件抗压强度达到35 N/mm^2后，方可进行对接头有扰动的后续施工；临时固定措施的拆除应在灌浆料抗压强度能确保结构达到后续施工承载要求后进行。

6.4.15 当采用连通腔灌浆法施工时，构件安装就位后宜及时灌浆，不宜采用两层及以上集中灌浆；当采用两层及以上集中灌浆时，应经设计确认，专项施工方案应进行技术论证。

7 验 收

7.0.1 采用钢筋套筒灌浆连接的混凝土结构验收应符合现行国家标准《混凝土结构工程施工质量验收规范》GB 50204、《装配式混凝土建筑技术标准》GB/T 51231 的有关规定,可划入装配式结构分项工程。

7.0.2 施工单位首个施工段完成后,建设单位应组织设计、施工、监理单位进行验收,合格后方可进行后续施工。

7.0.3 当灌浆套筒、灌浆料生产单位作为接头提供单位时,验收时应按下列规定核查型式检验报告:

1 工程中应用的各种钢筋强度级别、直径对应的型式检验报告应齐全、有效。

2 型式检验报告送检单位应为接头提供单位。

3 型式检验报告中的接头类型,灌浆套筒规格、级别、尺寸,灌浆料型号与现场使用的产品应一致。

4 型式检验报告应在 4 年有效期内,可按灌浆套筒进厂(场)验收日期确定。

5 报告内容应包括本标准附录 A 规定的所有内容。

7.0.4 当施工单位、构件生产单位为接头提供单位时,验收时应按下列规定核查匹配检验报告:

1 工程中应用的各种钢筋强度级别、直径对应的匹配检验报告应齐全、有效。

2 匹配检验报告送检单位应为施工单位、构件生产单位。

3 匹配检验报告中的接头类型,灌浆套筒规格、级别、尺寸,灌浆料型号与现场使用的产品应一致。

4 匹配检验报告应注明工程名称,报告日期应早于灌浆施工开始时间。

5 报告内容应包括本标准附录A规定的所有内容。

7.0.5 灌浆套筒进厂(场)时,应抽取灌浆套筒检验外观质量、标识和尺寸偏差,检验结果应符合现行行业标准《钢筋连接用灌浆套筒》JG/T 398及本标准第3.1.2条的有关规定。

检查数量:同一批号、同一类型、同一规格的灌浆套筒,不超过1 000个为一批,每批随机抽取10个灌浆套筒。

检验方法:观察,尺量检查,检查质量证明文件。

7.0.6 常温型灌浆料进场时,应对常温型灌浆料拌合物30 min流动度、泌水率及3 d抗压强度、28 d抗压强度、3 h竖向膨胀率、24 h与3 h竖向膨胀率差值进行检验,检验结果应符合本标准第3.1.3条的有关规定。

检查数量:同一成分、同一批号的灌浆料,不超过50 t为一批,每批随机抽取不低于30 kg,并按现行行业标准《钢筋连接用套筒灌浆料》JG/T 408的有关规定制作试件。

检验方法:检查质量证明文件和抽样检验报告。

7.0.7 常温型封浆料进场时,应对常温型封浆料拌合物的初始流动度、1 d抗压强度、3 d抗压强度及28 d抗压强度进行检验,检验结果应符合本标准第3.1.4条的有关规定。

检查数量:同一成分、同一批号的封浆料,不超过50 t为一批,每批随机抽取不低于30 kg,并按现行国家标准《水泥胶砂强度检验方法》GB/T 17671的有关规定制作试件并养护。

检验方法:检查质量证明文件和抽样检验报告。

7.0.8 低温型灌浆料、低温型封浆料进场时,其性能检验应符合本标准附录B的规定。

7.0.9 灌浆施工前,应按本标准第6.1.6条的规定核查接头工艺检验报告。

7.0.10 灌浆套筒进厂(场)时,应抽取灌浆套筒并采用与之匹配的灌浆料制作对中连接接头试件,并进行抗拉强度检验,检验结果均应符合本标准第 3.2.2 条的有关规定。

检查数量:同一批号、同一类型、同一强度等级、同一规格的灌浆套筒,不超过 2 000 个为一批,每批随机抽取 3 个灌浆套筒制作对中连接接头试件。

检验方法:检查质量证明文件和抽样检验报告。

7.0.11 本标准第 7.0.10 条、第 7.0.15 条规定的抗拉强度检验接头试件应模拟施工条件并按施工方案制作。接头试件应在标准养护条件下养护 28 d。接头试件的抗拉强度试验应采用零到破坏或零到连接钢筋抗拉强度标准值 1.15 倍的一次加载制度,并应符合现行行业标准《钢筋机械连接技术规程》JGJ 107 的有关规定。

7.0.12 预制混凝土构件进场验收应按现行国家标准《混凝土结构工程施工质量验收规范》GB 50204 的有关规定进行,尚应按下列要求对预制构件灌浆连接部位进行检查:

1 灌浆套筒内腔内不应有水泥浆或其他异物。

2 构件表面的灌浆孔或出浆孔的数量、孔径尺寸应符合设计要求。

3 灌浆、出浆用成形的灌浆孔道或出浆孔道全长范围应通畅,且最狭窄处尺寸不小于 9 mm。

检查数量:按批检查。同一进场检验批、同一规格(品种)的构件每次抽检数量不应少于更改规格(品种)数量的 10%,且不少于 3 件。

检查方法:观察,检查抽检验收记录。

7.0.13 灌浆施工中,常温型灌浆料的 28 d 抗压强度应符合本标准第 3.1.3 条的有关规定。用于检验抗压强度的灌浆料试件应在施工现场制作。

检查数量:每工作班取样不得少于 1 次,每楼层取样不得少于 3 次。每次抽取 1 组 40 mm × 40 mm × 160 mm 的试件,标准养护 28 d 后进行抗压强度试验。

检验方法:检查灌浆施工记录及抗压强度试验报告。

7.0.14 灌浆施工中,低温型灌浆料的28 d抗压强度的检验应符合本标准附录B的有关规定。

7.0.15 灌浆施工中,应采用实际应用的灌浆套筒、灌浆料制作平行加工对中连接接头试件,进行抗拉强度检验。

每批3个接头的检验结果均符合本标准第3.2.2条要求时,该验收批应判为合格。如有1个及以上接头的检验结果不符合要求,应判为不合格。

检查数量:不超过4个楼层的同一批号、同一类型、同一强度等级、同一规格的连接接头,不超过2 000个为一批,每批制作3个对中连接接头试件。所有接头试件都应在监理单位或者建设单位的见证下由现场灌浆人员随施工进度平行制作,不得提前制作。

检验方法:检查抽样检验报告。

7.0.16 灌浆应密实饱满,所有出浆口均应平稳连续出浆。

检查数量:外观全数检查。对于灌浆后饱满性实体抽检,现浇与预制转换层应抽预制构件数不少于5件且不少于15个套筒;其他楼层如施工记录、影像资料齐全并可证明施工质量,且100%套筒按本标准第6.4.12条采用方便观察且有补浆功能的工具进行监测,可不进行实体抽检。

检验方法:检查灌浆施工记录、影像资料及监测记录;灌浆饱满性实体抽检采用钻孔后内窥方式或其他可靠方法,并现场观察复核。

7.0.17 当施工过程中灌浆料抗压强度、灌浆接头抗拉强度、灌浆饱满度不符合要求时,应由施工单位提出技术处理方案,经监理、设计单位认可后进行处理。经处理后的部位应重新验收。具体的处理可采取如下方案:

1 对于灌浆料抗压强度不合格的情况,当满足实体检验条件时,可委托专业检测机构进行灌浆料实体强度检测。当实体强度检验结果满足设计要求时，可予以验收；如不符合，可按本条第2款进行处理。

2 对于灌浆料抗压强度不合格的情况，也可委托专业检测机构按灌浆料实际抗压强度制作试件按型式检验要求检验。如检验结果符合本标准第5.0.8条第1、2款要求，可予以验收；如不符合，可按灌浆接头抗拉强度不合格进行处理。

3 对于灌浆饱满度不合格的情况，可委托专业检测机构按实际灌浆饱满度制作试件按型式检验要求检验。如检验结果符合本标准第5.0.8条第1、2款要求，可予以验收；如不符合，可按灌浆接头抗拉强度不合格进行处理。

4 对于灌浆接头抗拉强度不合格的情况，可根据实际抗拉强度，由设计单位进行核算。

5 对于无法处理的情况，应切除或拆除构件，也可采用现浇的方式重新制作构件。

检查数量：全数检查。

检验方法：检查处理记录。

附录A 接头试件检验报告

A.0.1 接头试件型式检验报告、匹配检验报告应包括基本参数和试验结果两部分,并应按表A.0.1-1~表A.0.1-3的格式记录。

表A.0.1-1 钢筋套筒灌浆连接接头试件型式检验报告、匹配检验报告(全灌浆套筒连接基本参数)

<table>
<tr><td>接头名称</td><td colspan="2"></td><td>送检日期</td><td></td></tr>
<tr><td>委托送检单位</td><td colspan="2"></td><td>试件制作地点/日期</td><td></td></tr>
<tr><td>灌浆施工人及所属单位</td><td colspan="2"></td><td>试件制作监督人</td><td></td></tr>
<tr><td>工程项目名称</td><td colspan="4">(仅适用于匹配检验报告)</td></tr>
<tr><td rowspan="5">接头试件基本参数</td><td rowspan="5" colspan="2">连接件示意图或照片(可附页):</td><td>钢筋牌号</td><td></td></tr>
<tr><td>钢筋公称直径(mm)</td><td></td></tr>
<tr><td>灌浆套筒生产单位及型号</td><td></td></tr>
<tr><td>灌浆套筒材料</td><td></td></tr>
<tr><td>灌浆料生产单位及型号</td><td></td></tr>
<tr><td colspan="5">灌浆套筒设计尺寸(mm)</td></tr>
<tr><td>长度</td><td>外径</td><td colspan="2">套筒设计锚固长度(灌浆端)</td><td>套筒设计锚固长度(预制端)</td></tr>
<tr><td></td><td></td><td colspan="2"></td><td></td></tr>
</table>

续表 A.0.1-1

<table>
<tr><th colspan="8">接头试件实测尺寸</th></tr>
<tr><th rowspan="2">试件编号</th><th rowspan="2">标记</th><th rowspan="2" colspan="2">灌浆套筒外径(mm)</th><th rowspan="2">灌浆套筒长度(mm)</th><th colspan="2">钢筋插入深度(mm)</th><th rowspan="2">钢筋对中/偏置</th></tr>
<tr><th>灌浆端</th><th>预制端</th></tr>
<tr><td>No. 1</td><td></td><td></td><td></td><td></td><td></td><td></td><td>偏置</td></tr>
<tr><td>No. 2</td><td></td><td></td><td></td><td></td><td></td><td></td><td>偏置</td></tr>
<tr><td>No. 3</td><td></td><td></td><td></td><td></td><td></td><td></td><td>偏置</td></tr>
<tr><td>No. 4</td><td></td><td></td><td></td><td></td><td></td><td></td><td>对中</td></tr>
<tr><td>No. 5</td><td></td><td></td><td></td><td></td><td></td><td></td><td>对中</td></tr>
<tr><td>No. 6</td><td></td><td></td><td></td><td></td><td></td><td></td><td>对中</td></tr>
<tr><td>No. 7</td><td></td><td></td><td></td><td></td><td></td><td></td><td>对中</td></tr>
<tr><td>No. 8</td><td></td><td></td><td></td><td></td><td></td><td></td><td>对中</td></tr>
<tr><td>No. 9</td><td></td><td></td><td></td><td></td><td></td><td></td><td>对中</td></tr>
<tr><td>No. 10</td><td></td><td></td><td></td><td></td><td></td><td></td><td>对中</td></tr>
<tr><td>No. 11</td><td></td><td></td><td></td><td></td><td></td><td></td><td>对中</td></tr>
<tr><td>No. 12</td><td></td><td></td><td></td><td></td><td></td><td></td><td>对中</td></tr>
</table>

<table>
<tr><th colspan="10">灌浆料性能</th></tr>
<tr><th rowspan="2">每 10 kg 灌浆料加水量(kg)</th><th colspan="8">试件抗压强度量测值(N/mm^2)</th><th rowspan="2">合格指标(N/mm^2)</th></tr>
<tr><th></th><th>1</th><th>2</th><th>3</th><th>4</th><th>5</th><th>6</th><th>取值</th></tr>
<tr><td rowspan="2"></td><td>试验时</td><td></td><td></td><td></td><td></td><td></td><td></td><td></td><td rowspan="2"></td></tr>
<tr><td>28 d</td><td></td><td></td><td></td><td></td><td></td><td></td><td></td></tr>
<tr><td>评定结论</td><td colspan="9"></td></tr>
</table>

注:1. 接头试件实测尺寸、灌浆料性能由检验单位负责检验与填写,其他信息应由送检单位如实申报;

2. 接头试件实测尺寸的外径量测任意两个断面;

3. 灌浆套筒材料是指机械加工套筒的材质,或按实际工艺填写球墨铸铁、钢管;

4. 连接件示意图可以使用注明套筒每一侧剪力槽或凸起的数量图示,也可不含灌浆料连接件实物的横、纵两方向的剖面照片。

表 A.0.1-2　钢筋套筒灌浆连接接头试件型式检验报告、匹配检验报告（半灌浆套筒连接基本参数）

<table>
<tr><td>接头名称</td><td></td><td>送检日期</td><td></td></tr>
<tr><td>委托送检单位</td><td></td><td>试件制作地点/日期</td><td></td></tr>
<tr><td>灌浆施工人及所属单位</td><td></td><td>试件制作监督人</td><td></td></tr>
<tr><td rowspan="5">接头试件基本参数</td><td rowspan="5">连接件示意图或照片（可附页）:</td><td>钢筋牌号</td><td></td></tr>
<tr><td>钢筋公称直径(mm)</td><td></td></tr>
<tr><td>灌浆套筒生产单位及型号</td><td></td></tr>
<tr><td>灌浆套筒材料</td><td></td></tr>
<tr><td>灌浆料生产单位及型号</td><td></td></tr>
<tr><td colspan="4">灌浆套筒设计参数</td></tr>
<tr><td>长度(mm)</td><td>外径(mm)</td><td>套筒设计锚固长度(mm)</td><td>机械连接端类型</td></tr>
<tr><td></td><td></td><td></td><td></td></tr>
<tr><td>机械连接端基本参数</td><td></td><td></td><td></td></tr>
</table>

续表 A.0.1-2

接头试件实测尺寸						
试件编号	标记	灌浆套筒外径（mm）		灌浆套筒长度（mm）	灌浆端钢筋插入深度（mm）	钢筋对中/偏置
No.1						偏置
No.2						偏置
No.3						偏置
No.4						对中
No.5						对中
No.6						对中
No.7						对中
No.8						对中
No.9						对中
No.10						对中
No.11						对中
No.12						对中

灌浆料性能									
每 10 kg 灌浆料加水量（kg）	试件抗压强度量测值（N/mm^2）								合格指标（N/mm^2）
		1	2	3	4	5	6	取值	
	试验时								
	28 d								
评定结论									

注：1. 接头试件实测尺寸、灌浆料性能由检验单位负责检验与填写，其他信息应由送检单位如实申报；
2. 机械连接端类型按直螺纹或其他实际工艺填写；
3. 机械连接端基本参数为螺纹螺距、螺纹牙型角、螺纹公称直径和安装扭矩；
4. 接头试件实测尺寸的外径量测任意两个断面；
5. 灌浆套筒材料是指机械加工原材的材质，或按实际工艺填写球墨铸铁、钢管；
6. 连接件示意图可以使用注明套筒每一侧剪力槽或凸起的数量图示，也可不含灌浆料连接件实物的横、纵两方向的剖面照片。

表 A.0.1-3 钢筋套筒灌浆连接接头试件型式检验报告、匹配检验报告(试验结果)

<table>
<tr><td colspan="2">接头名称</td><td colspan="2"></td><td colspan="2">送检日期</td><td></td></tr>
<tr><td colspan="2">委托送检单位</td><td colspan="2"></td><td colspan="2">钢筋牌号与公称直径(mm)</td><td></td></tr>
<tr><td colspan="2" rowspan="3">钢筋母材试验结果</td><td>试件编号</td><td>No. 1</td><td>No. 2</td><td>No. 3</td><td>要求指标</td></tr>
<tr><td>屈服强度(N/mm²)</td><td></td><td></td><td></td><td></td></tr>
<tr><td>抗拉强度(N/mm²)</td><td></td><td></td><td></td><td></td></tr>
<tr><td rowspan="18">试验结果</td><td rowspan="4">偏置单向拉伸</td><td>试件编号</td><td>No. 1</td><td>No. 2</td><td>No. 3</td><td>要求指标</td></tr>
<tr><td>屈服强度(N/mm²)</td><td></td><td></td><td></td><td></td></tr>
<tr><td>抗拉强度(N/mm²)</td><td></td><td></td><td></td><td></td></tr>
<tr><td>破坏形式</td><td></td><td></td><td></td><td></td></tr>
<tr><td rowspan="6">对中单向拉伸</td><td>试件编号</td><td>No. 4</td><td>No. 5</td><td>No. 6</td><td>要求指标</td></tr>
<tr><td>屈服强度(N/mm²)</td><td></td><td></td><td></td><td></td></tr>
<tr><td>抗拉强度(N/mm²)</td><td></td><td></td><td></td><td></td></tr>
<tr><td>残余变形(mm)</td><td></td><td></td><td></td><td></td></tr>
<tr><td>最大力下总伸长率(%)</td><td></td><td></td><td></td><td></td></tr>
<tr><td>破坏形式</td><td></td><td></td><td></td><td></td></tr>
<tr><td rowspan="4">高应力反复拉压</td><td>试件编号</td><td>No. 7</td><td>No. 8</td><td>No. 9</td><td>要求指标</td></tr>
<tr><td>抗拉强度(N/mm²)</td><td></td><td></td><td></td><td></td></tr>
<tr><td>残余变形(mm)</td><td></td><td></td><td></td><td></td></tr>
<tr><td>破坏形式</td><td></td><td></td><td></td><td></td></tr>
<tr><td rowspan="4">大变形反复拉压</td><td>试件编号</td><td>No. 10</td><td>No. 11</td><td>No. 12</td><td>要求指标</td></tr>
<tr><td>抗拉强度(N/mm²)</td><td></td><td></td><td></td><td></td></tr>
<tr><td>残余变形(mm)</td><td></td><td></td><td></td><td></td></tr>
<tr><td>破坏形式</td><td></td><td></td><td></td><td></td></tr>
<tr><td colspan="2">评定结论</td><td colspan="5"></td></tr>
<tr><td colspan="2">检验单位</td><td colspan="3"></td><td>试验日期</td><td></td></tr>
<tr><td colspan="2">试验员</td><td colspan="2"></td><td colspan="2">试件制作监督人</td><td></td></tr>
<tr><td colspan="2">校核</td><td colspan="2"></td><td colspan="2">负责人</td><td></td></tr>
</table>

注:试件制作监督人应为检验单位人员。

A.0.2 接头试件工艺检验报告应按表 A.0.2 的格式记录。

表 A.0.2 钢筋套筒灌浆连接接头试件工艺检验报告

<table>
<tr><td colspan="2">接头名称</td><td colspan="3"></td><td colspan="3">送检日期</td><td></td></tr>
<tr><td colspan="2">委托送检单位</td><td colspan="3"></td><td colspan="3">试件制作地点</td><td></td></tr>
<tr><td colspan="3">钢筋生产单位</td><td colspan="2"></td><td colspan="3">钢筋牌号</td><td></td></tr>
<tr><td colspan="3">钢筋公称直径
(mm)</td><td colspan="2"></td><td colspan="3">灌浆套筒类型</td><td></td></tr>
<tr><td colspan="3">灌浆套筒生产
单位、型号</td><td colspan="2"></td><td colspan="3">灌浆料生产
单位、型号</td><td></td></tr>
<tr><td colspan="3">工程项目名称</td><td colspan="6"></td></tr>
<tr><td colspan="3">灌浆施工人及所属单位</td><td colspan="6"></td></tr>
<tr><td rowspan="5">对中
单向
拉伸
试验
结果</td><td colspan="3">试件编号</td><td>No.1</td><td>No.2</td><td>No.3</td><td colspan="2">要求指标</td></tr>
<tr><td colspan="3">屈服强度(N/mm^2)</td><td></td><td></td><td></td><td colspan="2"></td></tr>
<tr><td colspan="3">抗拉强度(N/mm^2)</td><td></td><td></td><td></td><td colspan="2"></td></tr>
<tr><td colspan="3">残余变形(mm)</td><td></td><td></td><td></td><td colspan="2"></td></tr>
<tr><td colspan="3">破坏形式</td><td></td><td></td><td></td><td colspan="2"></td></tr>
<tr><td rowspan="2">灌浆料抗
压强度
试验结果</td><td colspan="7">试件抗压强度量测值(N/mm^2)</td><td rowspan="2">28 d 合格
指标
(N/mm^2)</td></tr>
<tr><td>1</td><td>2</td><td>3</td><td>4</td><td>5</td><td>6</td><td>取值</td></tr>
<tr><td>评定结论</td><td colspan="8"></td></tr>
<tr><td>检验单位</td><td colspan="8"></td></tr>
<tr><td>试验员</td><td colspan="3"></td><td colspan="2">校核</td><td colspan="3"></td></tr>
<tr><td>负责人</td><td colspan="3"></td><td colspan="2">试验日期</td><td colspan="3"></td></tr>
</table>

注:对中单向拉伸检验结果、灌浆料抗压强度试验结果、检验结论由检验单位负责检验与填写,其他信息应由送检单位如实申报。

附录B 低温条件下套筒灌浆连接技术

B.0.1 低温型灌浆料性能及试验方法应符合现行行业标准《钢筋连接用套筒灌浆料》JG/T 408 的有关规定，并应符合下列规定：

1 低温型灌浆料抗压强度应符合表 B.0.1-1 的要求，且不应低于接头设计要求的灌浆料抗压强度；灌浆料抗压强度试件应按 40 mm×40 mm×160 mm 尺寸制作，其加水量应按灌浆料产品说明书确定，试件制作环境温度应为 -5 ℃ ±2 ℃，养护温度应为 -5 ℃ ±1 ℃，由 -5 ℃环境转入标准养护时，温升速率不宜超过 5 ℃/h，试模材质应为钢质。

2 低温型灌浆料竖向膨胀率应符合表 B.0.1-2 的要求。

3 低温型灌浆料拌合物的工作性能应符合表 B.0.1-3 的要求，泌水率试验方法应符合现行国家标准《普通混凝土拌合物性能试验方法标准》GB/T 50080 的规定。

表 B.0.1-1 低温型灌浆料抗压强度要求

时间(龄期)	抗压强度(N/mm^2)
-1 d	≥35
-3 d	≥60
-7 d+21 d	≥85

注：-1 d、-3 d 表示在 -5 ℃条件下养护 1 d、3 d，-7 d+21 d 表示在 -5 ℃环境条件下养护 7 d 后转标准养护条件再养护 21 d。

表 B.0.1-2 低温型灌浆料竖向膨胀率要求

项目	竖向膨胀率(%)
3 h	≥0.02
24 h 与 3 h 差值	0.02~0.30

表 B.0.1-3 低温型灌浆料拌合物的工作性能要求

项目		工作性能要求
流动度(mm)	-5 ℃ 初始	≥300
	-5 ℃ 30 min	≥260
	8 ℃ 初始	≥300
	8 ℃30 min	≥260
泌水率(%)		0

B.0.2 低温型封浆料应具有良好的触变性,其 -3 d+25 d 抗压强度不应低于被连接构件的混凝土强度,并应符合下列规定:

1 低温型封浆料性能抗压强度指标应满足表 B.0.2 的要求;低温型封浆料抗压强度试件应按 40 mm×40 mm×160 mm 尺寸制作,试模材质应为钢质,其加水量应按产品说明书确定,抗压强度试验方法应符合现行国家标准《水泥胶砂强度检验方法》GB/T 17671的规定,试件制作环境温度应为 -5 ℃ ±2 ℃,养护温度应为 -5 ℃ ±1 ℃。

2 低温型封浆料初始流动度指标应满足表 B.0.2 的要求,其检验方法应符合现行国家标准《水泥胶砂流动度测试方法》GB/T 2419 的规定。

表 B.0.2 低温封浆料性能指标

项目		技术指标
抗压强度(N/mm^2)	-4 h	≥10
	-1 d	≥30
	-3 d	≥45
	-3 d+25 d	≥55
初始流动度(mm)		130~170

注:-4 h、-1 d、-3 d 表示在 -5 ℃条件下养护4 h、1 d、3 d,-3 d+25 d 表示在 -5 ℃条件下养护 3 d 后转标准养护条件再养护 25 d。

B.0.3 采用低温型灌浆料施工时,应按本标准第 5 章的规定进行接头型式检验，其用于型式检验的低温型钢筋套筒灌浆连接接头试件及低温型灌浆料试件应在 -5 ℃ ±2 ℃的环境下制作，并在 -5 ℃ ±1 ℃的环境下养护 7 d 后转标准养护 21 d，由 -5 ℃环境转入标准养护时，温升速率不宜超过 5 ℃/h。

B.0.4 低温条件下套筒灌浆施工应编制专项施工方案，内容应包括施工环境温度和灌浆部位温度测控，明确根据施工环境温度及灌浆部位温度要求、灌浆前后温度测控时间要求、防风保温或加热升温措施、灌浆料搅拌和使用注意事项等内容。专项施工方案应进行技术论证。

B.0.5 低温型灌浆料施工，除设计有规定外，同条件养护低温型灌浆料试块强度达到 35 N/mm^2 前应保持灌浆部位温度高于灌浆料最低温度要求。

B.0.6 低温型灌浆料拌合用水温度不应高于 10 ℃，其他要求应符合本标准第 6.4.10 条的规定。

B.0.7 当采用低温型灌浆料施工时，应按照本标准第 6.1.6 条的规定进行接头工艺检验，其用于工艺检验的低温型钢筋套筒灌浆连接接头试件及低温型灌浆料试件应在 -5 ℃ ±2 ℃的环境下制作，并在 -5 ℃ ±1 ℃的环境下养护 7 d 后转标准养护 21 d，由 -5 ℃环境转入标准养护时，温升速率不宜超过 5 ℃/h。

B.0.8 低温型灌浆料同条件养护试件抗压强度达到 35 N/mm^2 后，方可进行对接头有扰动的后续施工；临时固定措施的拆除应在低温型灌浆料抗压强度能保证结构达到后续施工承载要求后进行。

B.0.9 低型灌浆料进场时，应对低温型灌浆料拌合物 -5 ℃和 8 ℃下的 30 min 流动度、泌水率及 -1 d 抗压强度、3 d 抗压强度、-7 +21 d抗压强度、3 h 竖向膨胀率、24 h 与 3 h 竖向膨胀率差值进行检验，检验结果应符合本标准附录 B 的 B.0.1 条的有关规定。

检查数量：同一成分、同一批号的低温型灌浆料，不超过 50 t

为一批，每批随机抽取不低于 30 kg，试件应按 40 mm×40 mm×160 mm 尺寸制作，其应在 −5 ℃ ±2 ℃的环境条件下制作，并在 −5 ℃ ±1 ℃的环境条件下养护 7 d 后转标准养护 21 d。

检验方法：检查质量证明文件和抽样检验报告。

B.0.10 低温型封浆料进场时，应对低温型封浆料拌合物的初始流动度、−4 h 抗压强度、−1 d 抗压强度、−3 d 抗压强度及 −3 d + 25 d抗压强度进行检验，检验结果应符合本标准附录 B 的B.0.2条的规定。

检查数量：同一成分、同一批号的封浆料，不超过50 t 为一批，每批随机抽取不低于30 kg，试件应按40 mm×40 mm×160 mm 尺寸制作，其应在 −5 ℃ ±2 ℃的环境条件下制作，并在 −5 ℃ ±1 ℃的环境条件下养护 3 d 后转标准养护 25 d。

检验方法：检查质量证明文件和抽样检验报告。

B.0.11 灌浆施工中，低温型灌浆料的 28 d 抗压强度应符合本标准附录 B 的 B.0.2 条的有关规定。用于检验抗压强度的低温型灌浆料试件应在施工现场制作。

检查数量：每工作班取样不得少于 1 次，每楼层取样不得少于 3 次。每次抽取 1 组 40 mm×40 mm×160 mm 的试件，同条件养护 7 d 后转标准养护 21 d 进行抗压强度试验。

检验方法：检查灌浆施工记录及抗压强度试验报告。

B.0.12 灌浆套筒进厂（场）时，应按本标准第 7.0.10 条的规定进行接头抗拉强度检验，其用于抗拉强度检验的低温型套筒灌浆接头试件应模拟施工条件并按施工方案制作，并在 −5 ℃ ±1 ℃的环境条件下养护 7 d 后转标准养护 21 d，接头试件抗拉强度试验方法应符合本标准第 7.0.11 条的规定。

B.0.13 灌浆施工中应按本标准第 7.0.15 条的规定进行接头抗拉强度检验，其用于抗拉强度检验的低温型套筒灌浆连接接头试件应在施工现场制作，并同条件养护 7 d 后转标准养护 21 d。

附录 C　坐浆法施工技术

C.0.1　座浆料的性能及试验方法应符合下列规定：

1　座浆料抗压强度应满足表 C.0.1 的要求，当用于高层建筑时，座浆料拌合物 28 d 抗压强度不应小于 70 N/mm^2；试件尺寸应按 40 mm×40 mm×160 mm 的尺寸制作，其加水量应按座浆料产品说明书确定，抗压强度试验方法应符合现行国家标准《水泥胶砂强度检验方法》GB/T 17671 的规定。

表 C.0.1-1　座浆料抗压强度要求

时间(龄期)	抗压强度(N/mm^2)
1 d	≥10
3 d	≥20
28 d	≥50

2　座浆料的工作性能应满足表 C.0.2 的要求，凝结时间、保水率、抗冻性的试验方法应符合现行行业标准《建筑砂浆基本性能试验方法标准》JGJ/T 70 的规定；2 h 砂浆稠度损失率的试验方法应符合现行行业标准《建筑砂浆基本性能试验方法标准》JGJ/T 70 与现行国家标准《预拌砂浆》GB/T 25181 的规定；最大氯离子含量的试验方法应符合现行国家标准《混凝土外加剂匀质性试验方法》GB/T 8077 的规定。

3　座浆料的 28 d 抗压强度乘以 0.75 的折减系数后应大于所连接构件的混凝土强度等级值，当设计无要求时，座浆料的 28 d 抗压强度乘以 0.75 的折减系数后应大于所连接构件混凝土强度等级值至少 5 N/mm^2。

表 C.0.1-2 座浆料的工作性能要求

<table>
<tr><td colspan="2">项目</td><td>性能指标</td></tr>
<tr><td colspan="2" rowspan="2">凝结时间(min)</td><td>≥60</td></tr>
<tr><td>≤240</td></tr>
<tr><td colspan="2">保水率(%)</td><td>≥88</td></tr>
<tr><td colspan="2">2 h 砂浆稠度损失率(%)</td><td>≤20</td></tr>
<tr><td rowspan="2">抗冻性</td><td>强度损失率(%)</td><td>≤25</td></tr>
<tr><td>质量损失率(%)</td><td>≤5</td></tr>
<tr><td colspan="2">最大氯离子含量(%)</td><td>0.03</td></tr>
</table>

4 座浆料在使用过程中不得再次加水,当出现少量泌水时,应拌和均匀后使用。

5 座浆料储存期不应超过 3 个月,超过 3 个月且不超过保质期时,应重新检验合格后使用。

C.0.2 坐浆法施工应编制专项施工方案,并应对专项施工方案进行技术论证后实施。操作队伍与人员应经工艺培训,并选择实体构件进行安装检验,安装检验合格后方可上岗。安装检验应符合下列要求:

1 应选择实际工程构件,或单独制作 1:1比例的模拟构件。

2 按实际施工工艺进行安装,构件安装就位后构件底部侧边应有座浆料溢出。

3 构件安装完成后 30 min 内松开斜撑并重新起吊构件,用 200 mm×200 mm 的百格网检查座浆料与构件接触面的砂浆饱满度,饱满度不应小于 80%。

4 对于实际构成构件,检验后应对座浆料进行清理,并重新完成正式施工。

C.0.3 构件安装应符合下列规定:

1 摊铺座浆料前应先浇水湿润结合面，且不得有积水。

2 在结合面部位摊铺座浆料后应及时修整成型，使座浆料的上表面成为斜面，以保证构件底部接触座浆料顶点时充分排气，座浆料最薄处的厚度不应小于 20 mm，座浆料上表面应高于预制构件底部设计标高 20 mm 以上，座浆料铺设后 30min 内应进行构件安装。

3 座浆料铺设应根据不同类型的构件，进行不同方式的铺设，并确保构件下落时先接触到斜面顶点。

4 构件吊装前，铺设座浆料后，应在对应灌浆套筒的每根外露钢筋上安装弹性防堵垫片或弹簧和金属垫片组件，确保构件吊装后每个灌浆套筒能够独立密闭，避免漏浆。

5 构件安装前应采用辅助定位装置，以保证构件下落时一次性准确就位，并及时设置临时固定斜撑，调整好构件垂直度，不得多次调整构件位置，如果调整垂直度过程中发现构件边缘存在座浆料未溢出的部位，应立即重新起吊构件，并在该缺少部位添加座浆料并重新修整成斜面。

C.0.4 坐浆法施工应按施工方案执行，并应符合下列规定：

1 竖向构件安装时，宜逐层安装并对套筒进行逐个灌浆，当采用施工多层后再进行套筒灌浆的施工方案时，上部竖向构件未灌浆的楼层不应大于 3 层。

2 座浆料搅拌后应在 4 h 内用完，座浆料拌合物初凝后必须废弃，超出工作时间的座浆料拌合物不得再次添加干混料和水混合使用。

3 构件安装前，安装部位的结合面及构件周围 200 mm 范围内应进行清理，确保不得有碎屑和杂物。

4 气温高于 30 ℃时，应对构件底部座浆料接缝位置采取洒水保湿等养护措施，养护期不少于 3 d。

5 雨期施工应采取防护措施，加强原材料的存放和保护，座浆料应防止雨淋，当构件底部接缝座浆料部位出现水渍或明水浸泡时，应停止施工。

C.0.5 冬期施工时，不宜进行坐浆法施工；可提前完成构件安装座浆施工，在进入冬期施工后再采用低温型灌浆料完成套筒灌浆施工。

C.0.6 座浆料进场时，应检查产品合格证明，并对座浆料拌合物的凝结时间、1 d 及 3 d 抗压强度、28 d 抗压强度进行检验，检验结果应符合本标准附录 C.0.1 条、C.0.2 条的有关规定。

检查数量：同一成分、同一批号的座浆料，不超过 10 t 为一批，每批随机抽取不低于 25 kg，并按现行国家标准《水泥胶砂强度检验方法》GB/T 17671 的有关规定制作试件并养护。

检验方法：检查质量证明文件和抽样检验报告。

C.0.7 施工过程中，座浆料的 28 d 抗压强度应符合本标准附录 C.0.1 条的有关规定，用于检验抗压强度的座浆料试件应在施工现场制作。

检查数量：每工作班、每层同一批号的座浆料，不超过 10 t 为一个批，每批抽取 1 组 40 mm × 40 mm × 160 mm 的试件，标准养护 28 d 后进行抗压强度试验。

检验方法：检查抽样检验报告。

本标准用词说明

1 为便于在执行本标准条文时区别对待,对要求严格程度不同的用词说明如下:

(1)表示很严格,非这样做不可的:

正面词采用“必须”,反面词采用“严禁”。

(2)表示严格,在正常情况下均应这样做的:

正面词采用“应”,反面词采用“不应”或“不得”。

(3)表示允许稍有选择,在条件许可时首先这样做的:

正面词采用“宜”,反面词采用“不宜”。

(4)表示有选择,在一定条件下可以这样做的,可采用“可”。

2 条文中指明应按其他有关标准执行的写法为:“应符合……的规定”或“应按……执行”。

引用标准名录

1 《混凝土结构设计规范》GB 50010
2 《建筑抗震设计规范》GB 50011
3 《普通混凝土拌合物性能试验方法标准》GB/T 50080
4 《混凝土结构工程施工质量验收规范》GB 50204
5 《水泥基灌浆材料应用技术规范》GB/T 50448
6 《混凝土结构工程施工规范》GB 50666
7 《装配式混凝土建筑技术标准》GB/T 51231
8 《水泥胶砂流动度测试方法》GB/T 2419
9 《钢筋混凝土用钢 第2部分:热轧带肋钢筋》GB/T 1499.2
10 《混凝土外加剂匀质性试验方法》GB/T 8077
11 《钢筋混凝土用余热处理钢筋》GB 13014
12 《水泥胶砂强度检验方法》GB/T 17671
13 《预拌砂浆》GB/T 25181
14 《装配式混凝土结构技术规程》JGJ 1
15 《混凝土用水标准》JGJ 63
16 《建筑砂浆基本性能试验方法》JGJ/T 70
17 《钢筋机械连接技术规程》JGJ 107
18 《钢筋连接用灌浆套筒》JG/T 398
19 《钢筋连接用套筒灌浆料》JG/T 408
20 《水泥胶砂试模》JC/T 726

附:条文说明

河南省工程勘察设计行业协会团体标准

套筒灌浆钢筋连接应用技术标准

T/HNKCSJ 0001—2020

条　文　说　明

目　次

1 总 则

1.0.1～1.0.3 钢筋套筒灌浆连接主要应用于装配式混凝土结构中预制构件钢筋连接、现浇混凝土结构中钢筋笼整体对接以及既有建筑改造中新旧建筑钢筋连接，其从受力机制、施工操作、质量检验等方面均不同于传统的钢筋连接方式。

钢筋套筒灌浆连接应用于装配式混凝土结构中竖向构件钢筋对接时，金属灌浆套筒常为预埋在竖向预制混凝土构件底部，连接时在灌浆套筒中插入带肋钢筋后注入灌浆料拌合物；也有灌浆套筒预埋在竖向预制构件顶部的情况，连接时在灌浆套筒中倒入灌浆料拌合物后再插入带肋钢筋。钢筋套筒灌浆连接也可应用于预制构件及既有建筑与新建结构相连时的水平钢筋连接。

装配式混凝土结构中还有钢筋浆锚搭接连接的灌浆连接方式，一般不采用金属套筒，且具有单独的施工操作方法，本标准未包括此内容。对于其他采用金属熔融灌注的套筒连接，其应用应符合现行行业标准《钢筋机械连接技术规程》JGJ 107 的有关规定。

本标准适用于抗震设防烈度为 6 度至 8 度地区，主要原因为缺少 9 度区的工程应用经验。因缺少钢筋套筒灌浆连接接头疲劳试验数据，本标准未包括疲劳设计要求内容。对有疲劳设计要求的构件，在补充相关试验研究的情况下，可参考本标准的有关规定应用。

2 术语和符号

本章术语参考了现行行业标准《钢筋连接用灌浆套筒》JG/T 398、《钢筋连接用套筒灌浆料》JG/T 408。

本标准将钢筋套筒灌浆连接的接头称为套筒灌浆连接接头，简称接头。接头由灌浆套筒、硬化后的灌浆料、连接钢筋三者共同组成。接头在本标准中多次出现。在检验规定中多采用“接头试件”术语。

对预制构件生产时预先埋入的灌浆套筒，与预制构件内钢筋连接的部分为预制端，另一部分为灌浆端，也称装配端。半灌浆套筒为灌浆端（装配端）采用灌浆方式连接，预制端采用其他方式（通常为螺纹机械连接）连接。用于水平钢筋连接的灌浆套筒两端都是灌浆端。

本标准中对采用全灌浆套筒、半灌浆套筒的套筒灌浆连接，分别称为全灌浆套筒连接、半灌浆套筒连接。

钢筋连接用套筒灌浆料、封浆料、座浆料均为干混料。灌浆料加水搅拌后具有良好的流动性，在硬化过程中具有微膨胀，且具有早强、高强等性能，填充于套筒与带肋钢筋间隙内，形成钢筋套筒灌浆连接接头。

封浆料用于连通腔灌浆施工的竖向构件接缝封堵，且主要用于向接缝内侵入的封堵。根据施工及养护过程的环境温度，封浆料又分为常温型封浆料与低温型封浆料，其具体的温度适用范围及条件与常温型灌浆料和低温型灌浆料保持一致。座浆料主要用于高层建筑围护墙体或低多层建筑墙体坐浆法施工时构件接缝的填缝材料。座浆料和封浆料加水搅拌后均具有可塑性好，且不流动、早强、高强等性能。

灌浆套筒内腔深度中，只有部分长度用于钢筋锚固，本标准将此部分定义为“灌浆套筒设计锚固长度”，以便于在有关条文中描述。套筒设计锚固长度在行业标准《钢筋连接用灌浆套筒》JG/T 398—2019中分为注浆端锚固长度、排浆端锚固长度两种。灌浆套筒内腔深度中套筒设计锚固长度之外的部分，主要是预留钢筋安装调整长度，全灌浆套筒预制端还有部分无效长度。

3 基本规定

3.1 材 料

3.1.1 用于套筒灌浆连接的带肋钢筋,其性能应符合现行国家标准《钢筋混凝土用钢 第2部分:热轧带肋钢筋》GB/T 1499.2、《钢筋混凝土用余热处理钢筋》GB 13014 的要求。当采用不锈钢钢筋及其他进口钢筋时,应符合相应产品标准要求。

3.1.2 灌浆套筒主要分为铸造灌浆套筒和机械加工灌浆套筒两种。考虑我国钢筋的外形尺寸及工程实际情况,规程提出了灌浆套筒灌浆端套筒设计锚固长度及最小内径与连接钢筋公称直径差值的要求。对全灌浆套筒,8 倍插入钢筋公称直径的套筒设计锚固长度要求仅针对灌浆端,预制端长度可根据产品开发要求确定。检验灌浆端套筒设计锚固长度时,应根据产品手册确定具体数值及有效位置。

3.1.3 本条提出的常温型灌浆料抗压强度为最小强度。允许生产单位开发接头时考虑与灌浆套筒匹配而对灌浆料提出更高的强度要求,此时应按相应接头设计要求对灌浆料进行抗压强度验收,施工过程中应严格控制质量。对于常温型灌浆料 28 d 抗压强度合格指标(f_g)应满足本标准表 3.1.3-1 中的 85 N/mm^2 或接头设计提出的更高要求。

本条规定的检验指标中,常温型灌浆料拌合物 30 min 流动度、泌水率及 3 d 抗压强度、28 d 抗压强度、3 h 竖向膨胀率、24 h 与 3 h 竖向膨胀率差值为本标准第 7.0.6 条规定的常温型灌浆料进场检验项目,初始流动度为本标准第 6.4.10 条规定的施工过程检查项目,本标准第 7.0.9 条还提出了灌浆施工中按工作班检验 28 d 抗压强度的要求。24 h 与 3 h 竖向膨胀率差值指标根据最新修订的行业标准《钢筋连接用套筒灌浆料》JG/T 408 修改。

常温型灌浆料抗压强度、竖向膨胀率指其拌合物硬化后测得的性能。灌浆料抗压强度试件制作时，其加水量应按灌浆料产品说明书确定。根据现行行业标准《钢筋连接用套筒灌浆料》JG/T 408 的规定，灌浆料抗压强度试验方法按现行国家标准《水泥胶砂强度检验方法》GB/T 17671 的有关规定执行，其中加水及搅拌规定除外。

目前现行国家标准《水泥胶砂强度检验方法》GB/T 17671 规定：取 1 组 3 个 40 mm×40 mm×160 mm 试件得到的 6 个抗压强度测定值的算术平均值为抗压强度试验结果；当 6 个测定值中有一个超出 6 个平均值的 ±10% 时，应剔除这个结果，而以剩下 5 个的平均数为结果；当 5 个测定值中再有超过它们平均数 ±10% 的，则此组结果作废。

钢质试模更有利于保证灌浆料试件的尺寸及试验结果的精度，故本标准提出采用钢质试模的要求。钢质试模的相关技术要求应符合现行行业标准《水泥胶砂试模》JC/T 726 的有关规定。

3.1.4 根据工程应用需要，提出了封浆料应具有良好的触变性及初始流动度和抗压强度的要求，其中触变性亦称摇变，是一种可逆的溶胶现象，具体是指封浆料受到剪切时稠度变小，停止剪切时稠度又增加的，一“触”即“变”的性质。本条所规定的指标中，常温型封浆料的 1 d 抗压强度、3 d 抗压强度、28 d 抗压强度及初始流动度为本标准第 7.0.7 条规定的常温型封浆料进场检验项目。

如有其他可靠施工方法，也可采用与施工方法配套的其他封浆材料。

3.2 接　头

3.2.1 本条规定是套筒灌浆连接接头产品设计的依据。连接接头应能满足单向拉伸、高应力反复拉压、大变形反复拉压的检验项目要求。

3.2.2 本条为钢筋套筒灌浆连接受力性能的关键要求，涉及结构安全，故予以强制。

本条规定的钢筋套筒灌浆连接接头的抗拉强度为极限强度，按连接钢筋公称截面面积计算。

钢筋套筒灌浆连接目前主要用于装配式混凝土结构中墙、柱等重要竖向构件中的底部钢筋同截面100%连接处，且在框架柱中多位于箍筋加密区部位。考虑到钢筋可靠连接的重要性，为防止采用套筒灌浆连接的混凝土构件发生不利破坏，本标准提出了连接接头抗拉试验应断于接头外钢筋的要求，即不允许发生断于接头或连接钢筋与灌浆套筒拉脱的现象。本条要求连接接头破坏时应断于接头外钢筋，接头抗拉强度与连接钢筋强度相关，故本条要求连接接头抗拉强度不应小于连接钢筋抗拉强度标准值。

本条规定确定了套筒灌浆连接接头的破坏模式，该破坏模式是指在拉力未达到抗拉荷载标准值的1.15倍时的破坏模式。根据本标准第3.2.5条的规定，接头产品开发时应考虑钢筋抗拉荷载实测值为标准值1.15倍时不发生断于接头或连接钢筋与灌浆套筒拉脱。对于半灌浆套筒连接接头，机械连接端也应符合本条规定，即破坏形态为钢筋拉断，钢筋拉断的定义可按现行行业标准《钢筋机械连接技术规程》JGJ 107确定。

3.2.3 考虑到灌浆套筒原材料的屈服强度可能低于连接钢筋屈服强度，为保证连接接头在混凝土构件中的受力性能不低于连接钢筋，本条对钢筋套筒灌浆连接接头的屈服强度提出了要求。本条规定的钢筋套筒灌浆连接接头的屈服强度按接头屈服力除以连接钢筋公称截面面积得到。考虑到检验方便，本标准仅对型式检验和工艺检验中的单向拉伸试验提出了屈服强度检验要求。

3.2.4 高应力和大变形反复拉压循环试验方法同行业标准《钢筋机械连接技术规程》JGJ 107，具体规定见本标准第5章。

3.2.5 考虑到钢筋可能超强,如不规定试验拉力上限值,则套筒灌浆连接接头产品开发缺乏依据。钢筋超强过多对建筑结构性能的贡献有限,甚至还可能产生不利影响。本条按超强15%确定接头试验加载的上限,当接头拉力达到连接钢筋抗拉荷载标准值(钢筋抗拉强度标准值与公称面积的乘积)的1.15倍而未发生破坏时,应判为抗拉强度合格,并可停止试验。

若接头极限拉力大于连接钢筋抗拉荷载标准值的1.15倍,即超过了接头的设计荷载时,无论断于钢筋还是接头,均可判为抗拉强度合格。此规定主要是为了针对实际检验中试验机没有及时停机且加载力大于连接钢筋抗拉荷载标准值1.15倍,发生试件断于接头或连接钢筋与灌浆套筒拉脱,此种情况可判为抗拉强度合格。

当接头试验拉力不大于连接钢筋抗拉荷载标准值的1.15倍而发生破坏时,应按本标准第3.2.2条的规定判断抗拉强度是否合格。

3.2.6 高应力和大变形反复拉压循环试验加载制度同行业标准《钢筋机械连接技术规程》JGJ 107,具体规定见本标准第5章。

4 设　计

4.0.1 本标准仅规定了钢筋套筒灌浆连接的接头设计及混凝土结构构件设计的一些基本规定。对于混凝土构件配筋构造、结构设计等规定,尚应执行国家现行标准《混凝土结构设计规范》GB 50010、《建筑抗震设计规范》GB 50011、《装配式混凝土结构技术规程》JGJ 1 的有关规定。

4.0.2 根据国家现行相关标准的规定及工程实践经验,本条提出了采用套筒灌浆连接的构件的建议混凝土强度等级。

4.0.3 套筒灌浆连接主要应用于装配式混凝土结构中,其连接特点即为在同一截面上 100% 连接。针对构件受力钢筋在同一截面 100% 连接的特点与技术要求,本标准对套筒灌浆连接接头提出了比普通机械连接接头更高的性能要求。

4.0.4 对于多遇地震组合下的全截面受拉钢筋混凝土构件,缺乏研究基础与应用经验,故条文规定不宜全部在同一截面采用钢筋套筒灌浆连接。

4.0.5 应采用与连接钢筋牌号、直径配套的灌浆套筒。套筒灌浆连接常用的钢筋为 400 MPa、500 MPa,灌浆套筒一般也针对这两种钢筋牌号开发,可将 500 MPa 钢筋的同直径套筒用于 400 MPa 钢筋,反之则不允许。

灌浆套筒的直径规格对应了连接钢筋的直径规格,在套筒产品说明书中均有注明,工程中不得采用直径规格小于连接钢筋的套筒。考虑机械连接的实际情况,要求半灌浆套筒预制端连接钢筋的直径规格应与灌浆套筒规定的连接钢筋直径相同。对于全灌浆套筒两端及半灌浆套筒灌浆端,可采用直径规格大于连接钢筋的套筒,但相差不宜大于一级,不应大于两级。

根据灌浆套筒的外径、长度参数,结合本标准及相关规范规定的构造要求可确定钢筋间距(纵筋数量)、箍筋加密区长度等关键参数,并最终确定混凝土构件中的配筋方案。

构件钢筋插入灌浆套筒的锚固长度是预制构件深化设计的关键。对于具体灌浆套筒,插入钢筋锚固长度分为灌浆端(装配端)、预制端两种情况。预制端钢筋可按插入套筒最深的情况确定钢筋锚固长度,并按全灌浆套筒、半灌浆套筒分别考虑。灌浆端(装配端)则可按套筒设计锚固长度确定。当套筒直径规格大于连接钢筋时,按套筒设计锚固长度确定钢筋锚固长度,即用直径规格 20 mm 的半灌浆套筒在灌浆端连接直径 18 mm 的钢筋时,如套筒设计锚固长度为 160 mm(8 倍钢筋直径),则直径 18 mm 的钢筋应按 160 mm 的锚固长度考虑,而不是 144 mm。

构件钢筋外露长度应以其插入灌浆套筒的锚固长度为基础,并考虑构件连接接缝宽度、构件连接节点构造做法等主要因素,下料长度尚应考虑施工偏差。以竖向连接预制柱为例,外露长度扣除后浇梁柱节点高度后,即为构件钢筋插入灌浆套筒的锚固长度加构件连接接缝宽度,现行行业标准《装配式混凝土结构技术规程》JGJ 1 规定装配框架柱的竖向连接接缝宽度均宜为 20 mm,最终确定的设计外露长度宜为梁柱节点高度 + 插入灌浆套筒的锚固长度(套筒设计锚固长度) + 20 mm(接缝宽度),深化设计可做到此步。

预制构件中钢筋最终的下料长度,应考虑钢筋插入预制构件内灌浆套筒预制端锚固长度及尺寸偏差控制裕量。考虑本标准第 6.2.5 条规定构件钢筋外露长度允许偏差无负偏差(0, +10),最终构件的下料长度尚应考虑偏差(可为在 5 mm 或更多),这样可将偏差调整为正负偏差。实践中应按"宁长勿短"的原则下料,主要考虑钢筋长了可以截掉或者磨掉,而短了很难处理。

钢筋、灌浆套筒的布置还需考虑灌浆施工的可行性,使灌浆孔、出浆孔对外,以便为可靠灌浆提供施工条件。预制柱等截面尺寸较大的竖向构件，考虑到灌浆施工的可靠性，应设置排气孔。根据工程经验，补充了排气孔高度的规定。

4.0.6 考虑到预制混凝土柱、墙多为水平生产，且灌浆套筒仅在预制构件中的局部存在，故本条参照水平浇筑的钢筋混凝土梁提出灌浆套筒最小间距要求，净距规定主要适用竖向混凝土构件。构件制作单位（施工单位）在确定混凝土配合比时要适当考虑骨料粒径，以确保灌浆套筒范围内混凝土浇筑密实。

4.0.7 本条提出了预制构件中灌浆套筒长度范围内最外层钢筋的最小保护层厚度最小要求。确定构件配筋时，还应考虑国家现行相关标准对于纵筋、箍筋的保护层厚度的要求。

5　接头型式检验

考虑到型式检验是针对产品的专项检验，本标准明确型式检验的送检单位为灌浆套筒、灌浆料生产单位。施工单位、构件生产单位不可作为型式检验的送检单位，只可按本标准第6.1.1条的要求进行匹配检验。

5.0.1　接头型式检验是证明灌浆套筒与灌浆料匹配及接头性能的可靠依据。当使用中灌浆套筒的材料、工艺、结构（包括形状、尺寸），或者灌浆料的型号、成分（指影响强度和膨胀性的主要成分）改动，可能会影响套筒灌浆连接接头的性能时，应再次进行型式检验。现行国家标准《钢筋混凝土用钢 第2部分：热轧带肋钢筋》GB/T 1499.2、《钢筋混凝土用余热处理钢筋》GB 13014规定了我国热轧带肋钢筋的外形，进口钢筋的外形与我国不同，如采用进口钢筋，应另行进行型式检验。

全灌浆接头与半灌浆接头，应分别进行型式检验，两种类型接头的型式检验报告不可互相替代。根据本标准第6.1.1的有关规定，变径接头可不进行型式检验。

对于匹配的灌浆套筒与灌浆料，型式检验报告的有效期为4年，超过时间后应重新进行。

5.0.2　钢筋、灌浆套筒、灌浆料三种主要材料均应采用合格产品。本标准第3.1.2条均提出了"灌浆端套筒设计锚固长度不宜小于插入钢筋公称直径的8倍"的要求，如灌浆套筒的灌浆端套筒设计锚固长度无法满足8倍钢筋直径的要求，应采用与之对应的专用灌浆料进行套筒灌浆连接接头型式检验及其他相关检验。

5.0.3　每种套筒灌浆连接接头，其形式、级别、规格、材料等有所不同。考虑套筒灌浆连接的施工特点，在常规机械连接型式检验要求的基础上，本标准增加了3个偏置单向拉伸试件要求。

为保证制作型式检验试件的钢筋抗拉强度相当，本条要求全部试件应在同一炉（批）号的1或2根钢筋上截取。实践中尽量在1根钢筋上截取；当在2根钢筋上截取时，取屈服强度、抗拉强度差值不超过30 MPa的2根钢筋为好。

5.0.4 型式检验的主要目的是检验产品质量及生产能力，故本条要求送检单位应为灌浆套筒、灌浆料生产单位。考虑到接头型式检验应以合格的灌浆套筒、灌浆料为基础，本条要求送检单位提供合格有效的灌浆套筒、灌浆料的型式检验报告，具体可为灌浆套筒、灌浆料生产单位盖章的符合本标准3.1.2条和3.1.3条要求的产品型式检验报告复印件。

考虑到半灌浆套筒存在机械连接端、灌浆端两个关键技术点，机械连接端的加工与安装质量直接影响接头受力性能，本标准第3.2.2条对接头提出了高于传统机械连接的受力性能要求，由套筒生产单位作送检更利于质量控制及责任划分。全灌浆套筒推荐由套筒生产单位作为送检单位，也是考虑了套筒生产单位更了解套筒内部构造及其与灌浆料的匹配性能。生产单位更了解灌浆套筒、灌浆料的实际性能及产品参数与性能的变化，本条要求灌浆套筒、灌浆料由不同生产单位生产时送检应同时得到套筒、灌浆料生产单位的确认或许可，型式检验试件材料确认单应作为型式检验报告的附件，表1的确认单格式可供参考。

5.0.5 为保证型式检验试件真实可靠，且采用与实际应用相同的灌浆套筒、灌浆料，本条要求试件应在型式检验单位监督下由送检单位制作。对半灌浆套筒连接，机械连接端钢筋丝头可由送检单位先行加工，并在型式检验单位监督下制作接头试件。接头试件灌浆与制作40 mm×40 mm×160 mm试件应采用相同的灌浆料拌合物，其加水量应为灌浆料产品说明书规定的固定值，并按有关标准规定的养护条件养护。1组为3个40 mm×40 mm×160 mm试件。

表1 型式检验试件材料确认单

送检单位名称			
送检单位联系人		联系方式	
送检单位地址			
送检试件方式	套筒灌浆接头( ) 钢筋、套筒、灌浆料散件( )		
送检日期			
送检试件数量			
接头试件 基本参数	连接件示意图(可附页):		
钢筋牌号与生产单位			
灌浆套筒品牌、 材料、型号			
灌浆料品牌、型号			
灌浆套筒生产单位意见	同意送检。 (盖章) 联系方式: 年 月 日		
灌浆料生产单位意见	同意送检。 (盖章) 联系方式: 年 月 日		

对偏置单向拉伸接头试件,偏置钢筋的横肋中心与套筒壁接触(见图1)。对于偏置单向拉伸接头试件的非偏置钢筋及其他接头试件的所有钢筋,均应插入灌浆套筒中心,并尽量减少误差。钢筋在灌浆套筒内的插入深度不应大于套筒设计锚固长度,插入深度只允许较锚固深度有负偏差,不应有正偏差。

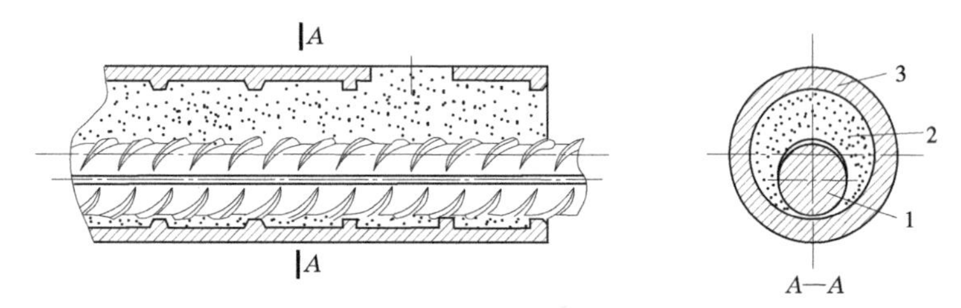

1—在套筒内偏置的连接钢筋;2—灌浆料;3—灌浆套筒

图1　偏置单向拉伸接头的钢筋偏置示意图

本条要求采用灌浆料拌合物制作不少于2组40 mm×40 mm×160 mm的试件,主要是为了试验时检查灌浆料抗压强度是否符合本标准第5.0.8的要求。考虑到根据第5.0.7条要求,需预估灌浆料的抗压强度而提前试压、试验时达不到设计强度而要提供灌浆料28 d抗压强度等因素,实践中宜多留置一些试件。

5.0.6　本条规定了型式检验时的灌浆料的抗压强度范围。型式检验试验时灌浆料抗压强度应满足本条规定,否则为无效检验。

本条规定的灌浆料抗压强度试验方法同本标准第3.1.3条,即按标准方法制作、养护的40 mm×40 mm×160 mm的试件抗压强度。检验报告中填写的灌浆料抗压强度应为接头拉伸试验当天完成的灌浆料试件抗压试验结果。

本条规定的灌浆料抗压强度范围是基于接头试件所用灌浆料与工程实际相同的条件提出的。规定灌浆料抗压强度上限是为了避免灌浆料抗压强度过高而试验无法代表实际工程情况,规定下限是为了提出合理的灌浆料抗压强度区间(常规情况下为15

N/mm^2)，并便于检验操作。

本条允许检验试验时灌浆料抗压强度低于 28 d 抗压强度合格指标(f_g)5 N/mm^2以内，但考虑到本标准第 5.0.2 条、第 5.0.8 条要求检验所用的灌浆料应为合格，故尚应提供 28 d 抗压强度合格检验报告。

本条规定了试验时的灌浆料抗压强度，实际上也是规定了型式检验的时间。只要灌浆料抗压强度符合本条规定，试验时间可不受 28 d 约束。但试验时间不宜超过 28 d 过长，以免灌浆料抗压强度超过上限要求。本标准第 5.0.5 条要求至少要留置两组灌浆料试件，即 1 组确定试验时的灌浆料抗压强度、1 组确定 28 d 灌浆料抗压强度，如无法准确预估强度与试验时间，则需要留置更多的灌浆料试件。

5.0.7 除本标准的规定外，关于套筒灌浆连接接头型式检验试验方法均按现行行业标准《钢筋机械连接技术规程》JGJ 107 的有关规定执行，具体包括仪表布置、测量标距、测量方法、加载制度、加载速度等。

考虑到偏置单向拉伸接头试件的特点，规程规定仅量测抗拉强度，故采用零到破坏的一次加载制度即可。对于小直径钢筋，偏置单向拉伸接头试件可直接在试验机上拉伸；对于大直径钢筋，宜采用专用夹具保证试验机夹头对中。除偏置单向拉伸接头试件之外的其他试件，应按现行行业标准《钢筋机械连接技术规程》JGJ 107 规定确定加载制度。

套筒灌浆连接接头体积较大，且为金属、水泥基材料、钢筋的结合体，其变形能力较差。根据编制组完成的大量拉伸试验，在测量标距 L_1($L+4d_s$)范围内的变形中，灌浆套筒长度范围内变形所占比例不超过 10%。在大变形反复拉压试验中，如仍按 L_1 确定反复拉压的变形加载值，则变形主要将由 $4d_s$ 长度的钢筋段“承担”，会造成钢筋应变较大而实际试验拉力变大，检验要求超过常规机械连接接头很多。

在考虑套筒灌浆连接接头变形特性的情况下，本条提出更为合理的大变形反复拉压试验变形加载值确定方法，灌浆套筒范围内的计算长度对全灌浆套筒连接取套筒长度的1/4，对半灌浆套筒连接取套筒长度的1/2。按本条规定的计算长度 L_g ，检验要求仍高于常规机械连接。

行业标准《钢筋机械连接技术规程》JGJ 107—2010 附录 A 中大变形反复拉压的加载制度为 $0 \to (2\varepsilon_{yk} \to -0.5f_{yk})$ 反复 4 次→ $(5\varepsilon_{yk} \to -0.5f_{yk})$ 反复 4 次→破坏，前后反复 4 次变形加载值分别取 $2\varepsilon_{yk}L_1$ 和 $5\varepsilon_{yk}L_1$ 。按本条规定，套筒灌浆连接接头型式检验的前后反复 4 次变形加载值分别取 $2\varepsilon_{yk}L_g$ 和 $5\varepsilon_{yk}L_g$ 。

本条第 3 款规定的仅是大变形反复拉压试验的变形加载值规定，变形量测标距仍取现行行业标准《钢筋机械连接技术规程》JGJ 107 中规定的 $L_1(L+4d_s)$。

5.0.8 根据本标准第 3 章的有关规定，本条考虑接头型式检验试验的特点提出了检验及合格要求。对所有检验项目均提出了接头试件抗拉强度要求；接头试件屈服强度要求仅针对对中单向拉伸、偏置单向拉伸；变形性能检验仅针对对中单向拉伸、高应力反复拉压、大变形反复拉压（仅对中单向拉伸要求最大力下总伸长率指标，三项检验均要求残余变形指标），对偏置单向拉伸无此要求。

为避免接头变形检验的试验结果离散性较大，提出了每个试件残余变形和最大力下总伸长率的极值要求，即残余变形的最大值不超过0.15（$d \leqslant 32$ mm）、0.21（$d > 32$ mm），最大力下总伸长率的最小值不小于4.0%。

明确了灌浆料 28 d 抗压强度应合格的要求，即一组 3 个 40 mm×40 mm×160 mm 试件按现行国家标准《水泥胶砂强度检验方法》GB/T 17671 确定的抗压强度不小于 28 d 抗压强度合格指标（f_g）。考虑到灌浆料流动度是直接反映施工性能的指标，要求增加灌浆料 30 min 流动度指标检测，检测单位应在按本标准第5.0.5条监督制作试件时同时测试，也可带回同批灌浆料后另行检测。

5.0.9 应按本标准附录 A 所给出的接头试件型式检验报告出具检验报告，并应包括评定结论。检验报告中的内容要符合附录 A 表格的规定，具体形式可改变。

6 施　工

6.1 一般规定

6.1.1 本标准规定的接头提供单位为提供套筒灌浆连接技术并按型式检验报告(或匹配检验报告)提供相匹配的灌浆套筒、灌浆料的单位。对于未获得有效型式检验报告或匹配检验报告的灌浆套筒与灌浆料,不得用于工程。实践中接头提供单位主要有以下几种情况:

1 接头提供单位可为灌浆套筒、灌浆料生产单位,此时在构件制作与施工操作符合工艺要求的前提下,接头提供单位应对接头质量负责。套筒灌浆连接的工艺要求包括半灌浆套筒机械连接端丝头加工与安装、套筒在构件内安装、灌浆施工技术要求等,接头提供单位应通过研发与实践确定工艺要求,并以作业指导书的形式提供给构件生产、施工单位。生产单位作为接头提供单位时,根据本标准第5.0.4条的规定,半灌浆套筒的接头提供单位应为套筒生产单位;全灌浆套筒的接头提供单位宜为套筒生产单位,也可为灌浆料生产单位。

2 接头提供单位也可为施工单位,即施工单位独立采购灌浆套筒、灌浆料进行工程应用,此时接头质量与受力性能由施工单位负责,施工及构件生产前,施工单位应按本标准要求完成所有接头匹配检验。匹配检验结果具体内容应符合本标准第5章的规定,匹配检验针对实际工程进行,且仅对具体工程项目一次有效。

3 接头提供单位为构件生产单位时,构件生产单位应按本条规定确定灌浆套筒、灌浆料并提供施工操作工艺,并对接头质量负责。构件生产单位应按本条要求完成所有接头的匹配检验。

通常情况下,灌浆套筒早于灌浆料使用,但灌浆料是与灌浆套筒匹配使用的材料,在灌浆套筒进场检验时也要用到灌浆料。本条要求灌浆套筒与灌浆料在构件生产及现场施工前确定,即在采购灌浆套筒时同时确定与之匹配的灌浆料。以上接头提供单位的3种情况,在工程中优先推荐采用第1种生产单位作为接头提供单位的情况,其次则为第2种施工单位作为接头提供单位的情况,第3种情况除构件生产单位承担灌浆专项施工或全程提供技术辅导外不推荐采用。

当生产单位作为接头提供单位时,如需在工程进行中更换接头提供单位,应按本条的有关规定执行,并在构件生产(套筒使用)前完成。如在灌浆套筒已使用的情况下再更换灌浆料,以及灌浆施工中单独更换灌浆料情况,接头提供单位应变更为施工单位,不得将后换的灌浆料提供单位作为接头提供单位;应在灌浆施工前由施工单位委托重新进行接头匹配检验及有关材料进场检验,所有检验均应在总包单位、监理单位(建设单位)代表见证下制作试件,并要求一次合格,不得复检;如发生不合格,只能再次更换灌浆料。

如构件生产单位在构件生产过程中更换灌浆套筒,应与施工单位达成一致,优先采用灌浆套筒、灌浆料整体更换并由其生产单位作为接头提供单位的方式,否则应确定施工单位或构件生产单位作为接头提供单位,并按本条有关规定执行。如将构件生产单位变更为接头提供单位,应在构件生产前由构件生产单位委托重新进行涉及钢筋的接头匹配检验及有关材料进场检验,所有检验均应在施工各单位(或监理单位)、第三方检测单位代表的见证下制作试件并一次合格。

匹配检验的送检单位可为施工单位,也可为构件生产单位,灌浆套筒、灌浆料生产单位不可进行匹配检验。匹配检验不要求同时得到套筒和灌浆料生产单位的确认或许可,除此规定外,匹配检验应符合本标准第5章的所有规定。

工程中允许接头连接钢筋的强度等级低于灌浆套筒规定的连接钢筋强度等级，即用500 MPa级钢筋的套筒连接400 MPa级钢筋，此时提供实际应用套筒与500 MPa级钢筋的型式检验报告即可。对于牌号带E的HRB400E、HRB500E钢筋，可与不带E的HRB400、HRB500钢筋的型式检验报告互相替代。

变径接头有多种情况，仅预制端连接钢筋直径小于灌浆端连接钢筋直径的半灌浆变径接头需要单独加工灌浆套筒，此种变径半灌浆套筒的型式检验难度较大，本标准允许提供两种直径钢筋的等径同类型半灌浆套筒型式检验报告作为依据。对于全灌浆变径接头、预制端连接钢筋直径大于灌浆端连接钢筋直径的半灌浆变径接头两种情况，直接采用大直径钢筋对应规格的灌浆套筒即可，接头提供单位可按实际应用套筒提供型式检验报告。

6.1.2 本条规定的专项施工方案不是强调单独编制，而是强调应在相应施工方案中包括套筒灌浆连接施工的相应内容。专项施工方案应包括材料与设备要求、灌浆的施工工艺、灌浆质量控制措施、安全管理措施、缺陷处理等，采用连通腔灌浆方式时，施工方案应明确典型构件的分仓方式。施工中应严格执行专项方案的要求，当实际施工与方案不符时，应通过重新确定后，及时调整施工方案。专项施工方案编制应以接头提供单位的相关技术资料、作业指导书为依据。

6.1.3 半灌浆套筒机械连接端的钢筋丝头加工、连接安装以及各类灌浆套筒现场灌浆是影响套筒灌浆连接施工质量的最关键因素。操作人员上岗前，应经专业培训，培训一般宜由接头提供单位的专业技术人员组织，培训应包括理论及实操内容，并对操作构件（试件）进行必要的检验。操作人员宜固定，构件生产、施工单位应根据工程量配备足够的合格操作工人。

6.1.4 本条规定的“首次施工”包括施工单位或施工队伍没有钢筋套筒灌浆连接施工经验，或对某种灌浆施工类型（剪力墙、柱、水平等)没有经验,此时为保证工程质量,宜在正式施工前通过试制作、试安装、试灌浆验证施工方案、施工措施的可性能。

6.1.5 灌浆料以水泥为基本材料,对温、湿度均具有一定敏感性,因此在储存中应注意干燥、通风并采取防晒措施,防止其性态发生改变。灌浆料最好存储在室内。留存工程实际使用的灌浆套筒、有效期内灌浆料,主要目的是用于灌浆料试件抗压强度或接头试件抗拉强度出现不合格时的补充检测,具体的留存时间、留存数量需根据可能的检测需要确定。

6.1.6 灌浆套筒埋入预制构件时,应在构件生产前通过工艺检验确定现场灌浆施工的可行性,以便于通过检验发现问题,此条规定涉及检验的要求与时间点,对工程质量控制尤为重要。现场灌浆施工宜选择与工艺检验接头制作相同的灌浆队伍(单位),如二者不同,施工现场灌浆前应再次进行工艺检验。

对于施工单位或构件生产单位作为接头提供单位并完成匹配检验的情况,如现场灌浆施工队伍与匹配检验时的灌浆队伍相同,可由匹配检验代替同规格接头的工艺检验;如不相同,则应按本条要求完成工艺检验。

工艺检验应完全模拟现场施工条件,并通过工艺检验确定灌浆料拌合物搅拌、灌浆速度等技术参数,可与本标准第6.1.4条规定的“试灌浆”工作结合。对于半灌浆套筒,工艺检验也是对机械连接端丝头加工、连接安装工艺参数的检验。

不同单位生产钢筋的外形有所不同,可能会影响接头性能,故应分别进行工艺检验。

对于HRB400E、HRB500E钢筋,工艺检验应用实际钢筋制作试件。对于用500 MPa级钢筋的套筒连接400 MPa级钢筋的情况,应按实际情况采用400 MPa钢筋制作试件。对于变径接头,应按实际情况制作试件,所有变径情况都要单独制作试件。

根据行业标准《钢筋机械连接技术规程》JGJ 107的有关规

定，工艺检验接头残余变形的仪表布置、量测标距和加载速度同型式检验要求。工艺检验中，按相关加载制度进行接头残余变形检验时，可采用不大于 $0.012A_sf_{stk}$ 的拉力作为名义上的零荷载，其中 A_s 为钢筋面积，f_{stk} 为钢筋抗拉强度标准值。

应按本标准附录 A 所给出的接头试件工艺检验报告出具检验报告，并应包括评定结论。检验报告中的内容应符合附录表 A.0.2的规定，不能漏项，但表格形式可改变。

6.1.7 本条强调灌浆施工过程管控，要求质量检验人员全过程监督施工，保证灌浆质量，并留存能够证明工程质量的检查记录和影像资料。影像资料应包括灌浆部位、时间、过程及有关检验内容，对于外伸钢筋长度检验、结合面粗糙度检验、构件就位过程及就位后位置检验等内容，如有条件也可尽量包括。

现浇与预制转换层是整个建筑灌浆施工的难点，故要求监理单位（建设单位）代表100%旁站见证，并在灌浆施工记录上签字确认。

混凝土结构子分部工程验收时，应对关键部位的影像资料进行抽查。如发生影像资料丢失或无法证明工程质量的情况，应采取可靠方法检验施工质量，具体可采用在出浆孔或套筒壁钻孔后内窥方式观察、X 射线法检测、直接破损观察或其他方法。

6.1.8 埋入灌浆套筒的预制构件在进场时多属于无法进行结构性能检验的构件。根据国家标准《混凝土结构工程施工质量验收规范》GB 50204—2015、《装配式混凝土建筑技术标准》GB/T 51231—2016 的有关规定，均对所有进场时不做结构性能检验的预制构件，可通过施工单位或监理单位代表驻厂监督生产的方式进行质量控制，此时构件进场的质量证明文件应经监督代表确认，且质量证明文件应根据灌浆套筒的特点增加隐蔽工程验收记录、半灌浆套筒机械连接端加工检查记录。当无驻厂监督时，预制构件进场时应对预制构件主要受力钢筋数量、规格、间距及混凝土强度、混凝土保护层厚度等进行实体检验，规程并不推荐此种构件验收方式。

6.2 构件制作

6.2.1 本条规定了预制构件钢筋、灌浆套筒的安装要求。安装工作应在接头工艺检验合格后进行。将灌浆套筒固定在模具（或模板）的方式可为采用橡胶环、螺杆等固定件。为防止混凝土浇筑时向全灌浆套筒内漏浆，应对灌浆套筒可靠封堵，以确保钢筋与套筒的间隙密封牢固严密，可采用在全灌浆套筒中设置限位凸台或定位销杆，钢筋标识等措施，确保钢筋插入套筒深度符合要求，具体可见本标准第4.0.5条规定。

灌浆套筒的灌浆连接管和出浆连接管如果过于集中，将直接影响该部位混凝土的密实性和强度，故本条对其净距给出相关规定。

6.2.2 本条明确了预制构件首件检验制度，合格后方可批量生产。

6.2.3 隐蔽工程反映构件制作的综合质量，在浇筑混凝土之前检查是为了确保受力钢筋、连接和安装满足设计要求和本标准的有关规定。纵向受力钢筋、灌浆套筒位置的检查包含了二者的混凝土保护层厚度检查。隐蔽工程检查的其他内容应符合现行国家标准《混凝土结构工程施工质量验收规范》GB 50204的规定。

6.2.4 混凝土下料时，确保混凝土浇筑密实的同时要避免振捣设备直接冲击灌浆连接管、出浆连接管以及排气管。在固定模台生产预制混凝土构件时，如采用振捣棒振捣混凝土，更应避免直接在钢筋套筒、灌浆连接管、出浆连接管以及排气管等位置直接振捣，以免造成套筒移位、管路破损进浆等问题发生。

6.2.5 预制构件中灌浆套筒、外露钢筋的位置、尺寸的偏差直接影响构件安装及灌浆施工，本条根据施工安装精度需要提出了比一般预制构件更高的允许偏差要求。

6.2.6 对外露钢筋、灌浆套筒分别采取包裹、封盖措施，可保护外露钢筋、避免污染，并防止套筒内部进入杂物。

6.2.7 畅通性检查和清理杂物可保证灌浆套筒内部通畅。

6.2.8 考虑到现场检验情况，构件厂采购的数量在考虑自身损耗基础上需要增加3‰～5‰。

6.3 半灌浆套筒机械连接端

6.3.1 半灌浆套筒机械连接端的钢筋接头主要为直螺纹钢筋接头，其包括镦粗直螺纹钢筋接头、剥肋滚轧直螺纹钢筋接头、直接滚轧直螺纹钢筋接头。钢筋丝头在安装扭矩作用下能够有效消除螺纹间隙，减少接头拉伸后的残余变形。本条规定了切平钢筋端部的三种方法，有利于达到钢筋端面基本平直要求。

镦粗直螺纹钢筋接头有时会在钢筋镦粗段产生沿钢筋轴线方向的表面裂纹，国内外试验均表明，这类裂纹不影响接头性能，本标准允许出现这类裂纹，但横向裂纹则是不允许的。

螺纹量规检验是施工现场控制丝头加工尺寸和螺纹质量的重要工序，接头技术提供单位应提供专用检测环规。

本标准第3.2.2条对接头受力性能的要求高于传统机械连接Ⅰ级接头要求，半灌浆套筒接头的机械连接端为达到此要求，机械连接端的丝头加工有必要在传统工艺基础上适当改进。

6.3.2 为减少接头残余变形，表6.3.2规定了最小拧紧扭矩值。拧紧扭矩值对直螺纹半灌浆套筒机械连接端钢筋接头的强度影响不大，扭矩扳手精度要求允许采用最低等级10级。

6.4 安装与连接

6.4.1 采用套筒灌浆连接的混凝土结构往往是预制与后浇混凝土相结合，为保证后续灌浆施工质量，在连接部位的现浇混凝土施工过程中应采取设置定位架等措施保证外露钢筋的位置、长度和顺直度,并避免污染钢筋。

6.4.2 与预制构件连接部位的现浇层混凝土,在浇筑时应严格控制其面层标高,面层处理要符合设计要求,并避免二次处理。标高与粗糙度控制都是为了保证接缝处灌浆层或座浆层的施工质量与受力性能。

6.4.3 预制构件的吊装顺序应符合设计要求,故吊装前应检查构件的类型与编号。

6.4.4 现浇结构的施工质量直接影响后续灌浆施工。本条提出了预制构件就位前对现浇结构施工质量的检查内容。

结合面质量包括类型及尺寸(粗糙面、键槽尺寸)。外露连接钢筋的位置、尺寸允许偏差是与本标准第6.2.6条协调后提出的,仍高于传统现浇结构的相关要求。外露连接钢筋的表面不应黏连混凝土、砂浆,可通过水洗予以清除;不应发生锈蚀主要指表面严重锈斑,应采取措施予以清除。

6.4.5 考虑到预制构件与其支承构件不平整,直接接触会出现集中受力的现象。设置垫片有利于均匀受力,也可在一定范围内调整构件的底部标高。对于灌浆套筒连接的预制构件,其垫片一般采用钢质垫片。

垫片处混凝土局部受压验算公式是参考国家标准《混凝土结构设计规范》GB 50010中的素混凝土局部受压承载力计算公式提出的。在确定作用在垫板上的压力值时,考虑一定动力作用后取为自重的1.5倍。

6.4.6 设计文件应提出灌浆方式建议。预制构件安装前,应根据设计及施工方案要求确定灌浆施工方式,并根据不同方式采取不同的施工措施。坐浆法施工工艺主要用于高层建筑装配围护墙、低多层建筑墙体,当用于高层建筑时应具有可靠经验。

竖向构件采用连通腔灌浆时,连通灌浆区域为由一组灌浆套筒与安装就位后构件间空隙共同形成的一个封闭区域,除灌浆孔、出浆孔、排气孔外,应采用专用封浆料或其他可靠的封堵措施封闭此灌浆区域。考虑灌浆施工的持续时间及可靠性,连通灌浆区域不宜过大,每个连通灌浆区域内任意两个灌浆套筒最大距离不宜超过 1.5 m。常规尺寸的预制柱多分为一个连通灌浆区域,而预制墙一般按 1.5 m 范围划分连通灌浆区域。

本标准明确了坐浆法施工的相关内容,当竖向预制构件采用坐浆法施工时,按照附录 C 的相关要求执行。

6.4.7 本条提出了预制构件安装过程中临时固定措施、封堵及检查要求。

采用连通腔灌浆方式时,应对每个连通灌浆区域进行封堵,确保不漏浆。预制夹心保温外墙板的保温材料下的封堵材料,当采用封仓用珍珠棉时,性能应符合现行行业标准《高发泡聚乙烯挤出片材》QB/T 2188 的有关规定,其他材料应符合有关标准规定。考虑到封堵效果,要求预制夹心保温外墙板的保温材料下封堵材料应向连接接缝内伸出一定的区域,考虑效果,条文提出了 15 mm 的最小建议值,并要求封堵材料不得进入套筒内腔而影响灌浆。

保证灌浆端插入钢筋可靠存在是套筒灌浆连接的基础,条文提出安装就位后应由质量检验人员采用内窥镜检查套筒内的钢筋插入情况。现浇与预制转换层是检查的重点,故要求 100% 检查。

6.4.8 水平钢筋套筒灌浆连接主要用于预制梁和既有结构改造现浇部分。本条从连接钢筋标记、灌浆套筒封堵、预制梁水平连接钢筋偏差、灌浆孔与出浆孔位置等方面提出了施工措施要求。

6.4.9 本条主要与低温型灌浆料及低温灌浆施工的有关内容配套,条文规定主要是明确了常温型灌浆料、低温型灌浆料的适用温度范围及必要施工措施。

常温型灌浆料、低温型灌浆料都有适用的温度范围。本条涉及的温度有大气温度、施工环境温度、灌浆部位温度 3 个。大气温度主要用来衡量是否采取测温措施，施工环境温度、灌浆部位温度则是灌浆料选择及采取施工措施的依据。施工环境温度主要包括灌浆现场温度；当施工环境温度较低而需要保温加热时，施工环境温度尚应包括灌浆料存放地温度，应保证未拌和的灌浆料温度符合施工环境温度要求。灌浆部位温度是指灌浆套筒内部空腔及竖向构件底部需填充灌浆料接缝内的温度。

当温度过高时，会造成灌浆料拌合物流动度降低并加快凝结硬化。本条要求日平均气温高于25 ℃时测量施工环境温度，此温度可用温度计测量即可。当施工环境温度高于 30 ℃时应采取降低水温甚至加冰水搅拌等措施降低灌浆料拌合物温度。

低温直接影响灌浆料选择、施工措施等关键因素，本标准要求日最高气温低于 10 ℃时采用具有自动测量和存储功能的仪器测量施工环境温度及灌浆部位温度。如没有自动测量条件，则要求每天至少量测 4 次并可靠记录。

常温型灌浆料的灌浆施工及 24 h 养护的温度不低于 5 ℃，故本标准提出施工环境温度低于 5 ℃时应采取加热及保温措施。考虑到施工操作性与可靠性，本标准规定施工环境温度低于 0 ℃不得采用常温型灌浆料施工，采取加热保温措施也不可以。

低温型灌浆料灌浆施工的温度上限是 10 ℃，故本标准将连续 3 天的施工环境温度、灌浆部位温度的最高值均低于 10 ℃作为采用低温型灌浆料施工的条件。实际工程中，常温型灌浆料、低温型灌浆料的适用日期可能存在交叉，建议施工单位在正式采用低温型灌浆料施工前 30 天左右开始准备低温型灌浆料进场，在完成接头工艺检验后提前确定采用低温型灌浆料的日期。采用低温型灌浆料后，原则上应到冬季施工结束后的春季再改回常温型灌浆料。

6.4.10 本条规定了灌浆料施工过程中的注意事项。用水量应按说明书规定比例确定，并按重量计量。用水量直接影响灌浆料抗压强度等性能指标，用水应精确称量，并不得再次加水。灌浆料搅拌宜采用强制式搅拌机，无应用搅拌机条件时可采用具备一定搅拌力的电动设备搅拌。本条规定的浆料拌合物初始流动度检查为施工过程控制指标，应在现场温度条件下量测，封浆料在使用中没有明显的塌落变形，且初凝后不得再使用。

6.4.11 考虑到灌浆施工的重要性，并根据北京等地区的实际工程经验，要求应有专职检验人员负责现场监督并及时形成施工检查记录，施工检查记录包括可以证明灌浆施工质量的照片、录像资料并能体现灌浆仓编号，每个灌浆仓内所包含的套筒规格、数量、对应构件的信息等内容。

灌浆压力与灌浆速度是影响灌浆质量的重要因素，本标准明确了灌浆压力的要求，根据工程经验，灌浆速度开始时宜为5 L/min，稳定后不宜大于3 L/min。

竖向连接灌浆施工的封堵顺序及时间尤为重要。封堵时间应以出浆孔流出圆柱体灌浆料拌合物为准。采用连通腔灌浆时，宜以一个灌浆孔灌浆，其他灌浆孔、出浆孔流出的方式；但当灌浆中遇到问题时，可更换另一个灌浆孔灌浆，此时各灌浆套筒已封闭的上部灌浆孔、上部出浆孔应重新打开，待灌浆料拌合物再次流出后再进行封堵。

水平连接灌浆施工的要点在于灌浆料拌合物流动的最低点要高于灌浆套筒外表面最高点，此时可停止灌浆并及时封堵灌浆孔、出浆孔。

灌浆料拌合物的流动度指标随时间会逐渐下降，为保证灌浆施工，本条规定灌浆料宜在加水后30 min内用完。灌浆料拌合物不得再次添加灌浆料、水后混合使用，超过规定时间后的灌浆料及使用剩余的灌浆料只能丢弃。

6.4.12 本条强调灌浆饱满性的过程管控，建议施工单位在灌浆施工过程中采取可靠手段对钢筋套筒灌浆连接接头灌浆饱满性进行过程监测。当采用具有补浆功能的透明工具进行灌浆饱满性监测时，可将透明工具中的灌浆料留作实体强度检验的试件。对于监测中发现无法出浆或灌浆料拌合物液面下降等异常情况，应按第 6.4.13 条的有关规定进行处理。

6.4.13 灌浆过程中及灌浆施工后应对灌浆孔、出浆孔及时检查，其上表面没有达到规定位置或灌浆料拌合物灌入量小于规定要求即可确定为灌浆不饱满。对灌浆不饱满、灌浆料拌合物液面下降等灌浆施工中的问题，应及时发现、查明原因并采取措施。

对于灌浆套筒没有完全充满的情况，当在灌浆料加水拌和 30 min 内，应首选在灌浆孔补灌；当在 30 min 外，灌浆料拌合物可能已无法流动，此时可从出浆孔补灌，应采用手动设备压力灌浆，并采用比出浆孔小的细管灌浆以保证排气。

6.4.14 灌浆料同条件养护试件应保存在构件周边，并采取适当的防护措施。当有可靠数据时，灌浆料抗压强度也可根据考虑环境温度因素的抗压强度增长曲线由数据确定。

本条规定主要适用于后续施工可能对接头有扰动的情况，包括构件就位后立即进行灌浆作业的先灌浆工艺，以及所有装配式框架柱的竖向钢筋连接。对先浇筑边缘构件与叠合楼板后浇层，后进行灌浆施工的装配式剪力墙结构，可不执行本条规定；但此种施工工艺无法再次吊起墙板，且拆除构件的代价很大，故应采取更加可靠的灌浆及质量检查措施。

7 验　收

针对套筒灌浆连接的技术特点，本章规定工程验收的前提是有效的型式检验报告、匹配检验报告，且报告的内容与施工过程的各项材料一致(第7.0.3条、第7.0.4条)。本标准规定的各项具体验收内容的顺序为：第一，灌浆套筒进厂(场)外观质量、标识和尺寸偏差检验(第7.0.5条)；第二，灌浆料、封浆料进场流动度、泌水率、抗压强度、膨胀率检验(第7.0.6条、第7.0.7条、第7.0.8条)；第三，核查接头工艺检验报告，应在第一批灌浆料进场检验合格后进行(第7.0.9条)；第四，灌浆套筒进厂(场)接头力学性能检验，部分检验可与工艺检验合并进行(第7.0.10条)；第五，预制构件进场验收(第7.0.12条)；第六，灌浆施工中灌浆料抗压强度检验(第7.0.13条、第7.0.14条)；第七，灌浆施工中接头抗拉强度检验(第7.0.15条)；第八，灌浆质量检验(第7.0.16条)。

以上8项为套筒灌浆连接施工的主要验收内容。对于装配式混凝土结构，当灌浆套筒埋入预制构件时，前4项检验应在预制构件生产前或生产过程中进行(其中灌浆料进场为第一批)，此时安装施工单位、监理单位应将部分监督及检验工作向前延伸到构件生产单位。第3、4项检验的接头试件可在预制构件生产地点制作，也可在灌浆施工现场制作，并宜由现场灌浆施工单位(队伍)完成。

7.0.1 本节主要针对钢筋套筒灌浆连接施工涉及的主要技术环节提出了验收规定，采用钢筋套筒灌浆连接的混凝土结构验收应按相关规范执行。根据现行国家标准《混凝土结构工程施工质量验收规范》GB 50204、《装配式混凝土建筑技术标准》GB/T 51231的有关规定，本章规定的各项验收内容可划入装配式结构分项工程进行验收;对于装配式混凝土结构之外的其他工程中应用钢筋套筒灌浆连接,也可根据工程实际情况划入钢筋分项工程验收。本节第 7.0.3 ~7.0.16 条按主控项目进行验收。

7.0.2 本条明确了现场施工首段验收制度,合格后方可继续施工。

7.0.3 ~7.0.4 两条规定主要是针对本标准第 6.1.1 条的规定提出验收要求。当灌浆套筒、灌浆料生产单位作为接头提供单位时,应匹配使用接头提供单位供应的灌浆套筒与灌浆料,则可将接头提供单位的有效型式检验报告作为验收依据。根据本标准第 5.0.5条的有关规定,型式检验报告尚应附材料确认单。

当施工单位、构件生产单位作为接头提供单位时,此时应按第 6.1.1 条的要求提供施工单位送检的匹配检验报告。匹配检验应在灌浆施工前完成,检验报告应注明工程名称,报告对具体工程一次有效。

对于未获得有效型式检验报告(匹配检验报告)的灌浆套筒与灌浆料,不得用于工程,以免造成不必要的损失。

各种钢筋强度级别、直径对应的型式检验报告(匹配检验报告)应齐全。对于接头连接钢筋的强度等级低于灌浆套筒规定连接钢筋强度等级、牌号带 E 钢筋、变径接头等情况,可按本标准第 6.1.1条第 5 款的规定执行。

本条规定的核查内容在灌浆套筒、灌浆料、预制构件进场及工程验收时均应进行。有效的型式检验报告(匹配检验报告)为接头提供单位盖章的报告复印件。

7.0.5 同一批号以原材料、炉(批)号为划分依据。对型式检验报告及企业标准中的套筒灌浆端套筒设计锚固长度小于插入钢筋直径 8 倍的情况,可采用此规定作为验收依据。灌浆套筒的质量证明文件包括型式检验报告及现行行业标准《钢筋连接用灌浆套筒》JG/T 398 规定的产品合格证、质量证明书。

7.0.6 对装配式结构,灌浆料主要在装配现场使用,但考虑在构件生产前要进行本标准第 7.0.9 条规定的接头工艺检验和第 7.0.10条规定的接头抗拉强度检验,本条规定的灌浆料进场验收也应在构件生产前完成第一批;对于用量不超过50 t 的工程,则仅进行一次检验即可。灌浆料养护条件应符合本标准第 5.0.5 条第 4 款的规定。灌浆套筒的质量证明文件包括型式检验报告及现行行业标准《钢筋连接用套筒灌浆料》JG/T 408 规定的产品合格证、使用说明书和产品质量检测报告等。

7.0.10 本条是检验灌浆套筒质量及接头质量的关键检验,涉及结构安全,故予以强制。

对于埋入预制构件的灌浆套筒,无法在灌浆施工现场截取接头试件,本条规定的检验应在构件生产前完成,预制构件混凝土浇筑前应确认接头试件检验合格。

对于不埋入预制构件的灌浆套筒,可在灌浆施工过程中制作平行加工试件,构件混凝土浇筑前应确认接头试件检验合格;为考虑施工周期,宜适当提前制作平行加工试件并完成检验。

第一批检验可与本标准第 6.1.6 条规定的工艺检验合并进行,工艺检验合格后可免除此批灌浆套筒的接头抽检。

本条规定检验的接头试件制作、养护及试验方法应符合本标准第 7.0.11 条的规定,合格判断以接头力学性能检验报告为准,所有试件的检验结果均应符合本标准第 3.2.2 条的有关规定。灌浆套筒质量证明文件包括产品合格证、产品说明书、出厂检验报告(含材料性能合格报告)。

考虑到套筒灌浆连接接头试件需要标准养护 28 d,本条未对复检做出规定,即应一次检验合格。为方便接头力学性能不合格时的处理,可根据工程情况留置灌浆料抗压强度试件,并与接头试件同样养护;如接头力学性能合格,灌浆料试件可不进行试验。

制作对中连接接头试件应采用工程中实际应用的钢筋,且应在钢筋进场检验合格后进行。对于断于钢筋而抗拉强度小于连接钢筋抗拉强度标准值的接头试件,不应判为不合格,应核查该批钢筋质量、加载过程是否存在问题,并按本条规定再次制作3个对中连接接头试件并重新检验。

7.0.11 本条规定了套筒灌浆连接接头试件的制作方法、养护方法及试验加载制度。根据行业标准《钢筋机械连接技术规程》JGJ 107的有关规定,按批抽取接头试件的抗拉强度试验应采用零到破坏的一次加载制度,根据本标准第3.2.5条的相关规定,本条提出一次加载制度应为零到破坏或零到连接钢筋抗拉荷载标准值1.15倍两种情况。

7.0.12 根据国家标准《混凝土结构工程施工质量验收规范》GB 50204的有关规定,预制混凝土构件进场验收的主要项目为检查质量证明文件、外观质量、标识、尺寸偏差等。质量证明文件主要包括产品合格证明书、混凝土强度检验报告及其他重要检验报告等;如灌浆套筒进场检验、接头工艺检验在预制构件生产单位完成,质量证明文件尚应包括这些项目的合格报告。对于埋入灌浆套筒的预制构件,外观质量、尺寸偏差检查应包括钢筋位置与尺寸、灌浆套筒内杂物等项目。采用全灌浆套筒时,预制构件纵向受力钢筋插入全灌浆套筒应达到设计深度。

7.0.13 灌浆料强度是影响接头受力性能的关键。本标准规定的灌浆施工过程质量控制的最主要方式就是检验灌浆料抗压强度和灌浆施工质量。本条规定是在第7.0.6条规定的常温型灌浆料按批进场检验合格基础上提出的,要求按工作班进行,且每楼层取样不得少于3次。

7.0.15 为加强套筒灌浆连接施工的质量控制,增加现场灌浆平行加工接头试件的检验。预制构件运至现场时,应按本标准第6.2.8条的规定携带足够数量的全灌浆套筒或半灌浆套筒半成品,半灌浆套筒的机械连接端钢筋应在构件生产单位完成连接加工。

现场所有接头试件都应在监理单位见证下由现场灌浆工随施工进度平行制作，应彻底杜绝提前加工接头试件的情况发生。接头试件的制作地点宜为灌浆楼层的作业面，也可为施工现场的其他地点。

7.0.16 灌浆质量是钢筋套筒灌浆连接施工的决定性因素。灌浆施工应符合本标准第6.3节的有关规定，并通过检查灌浆施工记录、影像资料及第6.4.12条的监测记录进行验收。对于现浇与预制转换层，考虑到施工难度及存在质量隐患的可能性较大，故规定采用钻孔后内窥方式或其他可靠方法进行灌浆饱满性实体抽检，钻孔的部位可为出浆孔或套筒壁；对于其他楼层，如施工记录、影像资料齐全并可证明施工质量，且100%套筒按本标准第6.4.12条采用方便观察且有补浆功能的工具进行监测，可不进行实体抽检，否则应参照转换层进行抽检。

7.0.17 灌浆施工质量直接影响套筒灌浆连接接头受力，当施工过程中灌浆料抗压强度、灌浆接头抗拉强度、灌浆饱满度不符合要求时，技术处理方案应由施工单位提出，经监理、设计单位认可后进行。本条规定是根据现行国家标准《混凝土结构工程施工质量验收规范》GB 50204—2015第10.2.2条对施工质量不符合要求的有关处理规定提出的。

对灌浆料试块抗压强度不合格的情况，在满足工程实体检测条件的情况下，可对灌浆料实体强度进行取样检测，根据实体强度检测结果确定下一步的处理方案。

对于无法处理的灌浆质量问题，应切除或拆除构件，并保留连接钢筋，重新安装新构件并灌浆施工。

附录 A　接头试件检验报告

本附录给出了钢筋套筒灌浆连接接头试件型式检验报告、工艺检验报告的表格样式，实际检验报告的内容应符合本附录的要求，不能漏项，但表格形式可改变。

型式检验报告的基本参数表中，每 10 kg 灌浆料加水量（kg）填写接头试件制作的实际值；灌浆料抗压强度合格要求应按本标准第 5.0.6 条的规定确定，一般情况为 80～95 N/mm^2。

工艺检验报告中灌浆料抗压强度 28 d 合格指标应按本标准第 3.1.3 条的规定确定，一般情况为 85 N/mm^2。

明确了连接件示意图或照片的详细要求，应能清晰表示内腔构造特点和沟槽或凸起的基本位置。

附录 B 低温条件下套筒灌浆连接技术

B.0.3 考虑到低温施工环境,本标准对低温型灌浆料接头的制作环境和养护条件进行特别规定。

B.0.5 受冻的混凝土解冻后,其强度虽然继续增长,但已不能达到原设计的强度等级。试验证明,混凝土遭受冻结,其后期抗压强度降低的数值,与受冻时其强度的高低直接有关。混凝土强度达到受冻临界强度再受冻,混凝土后期强度降低不超过5%,危害较小。灌浆料实质上也是水泥基材料,因此对于采用低温型灌浆料施工时,同条件养护低温型灌浆料试块未达到规定强度要求不允许降温。

B.0.6 低温型灌浆料往往采用早强水泥材料(高贝利特硫铝酸盐水泥、硫铝酸盐水泥、高铝水泥)或掺有复合早强剂的硅酸盐水泥等进行配制,拌合物流动度经时变化对温度比较敏感。通过对低温型灌浆料不同温度条件下灌浆料拌合物的性能测试,表明拌合物温度15 ℃时,拌合物30 min流动度不能满足现行行业标准要求,因此本标准给出了低温型灌浆料拌合用水的温度的限值要求。早强水泥材料的低温型灌浆料采用0 ℃水搅拌时,流动性和强度发展均很好。

附录C 坐浆法施工技术

C.0.1 按照现行行业标准《装配式混凝土结构技术规程》JGJ 1的要求，墙板水平接缝用座浆料的强度等级值应大于被连接构件的混凝土强度等级值。预制构件的混凝土强度试块的标准尺寸150 mm立方体，而座浆材料一般为砂浆，按照现行国家标准《水泥胶砂强度检验方法》GB/T 17671的规定，砂浆强度试块的标准尺寸为40 mm×40 mm×160 mm，由于试块尺寸效应的影响，同样强度等级值的混凝土和砂浆，其实际抗压强度值并不相同，在设计过程中将无法确定二者的对应关系。编制组为此做了相关的试验验证，将同样配比的座浆料，分别按照现行国家标准《水泥基灌浆材料应用技术规范》GB/T 50448、《混凝土强度检验评定标准》GB/T 50107和现行行业标准《建筑砂浆基本性能试验方法》JGJ/T 70的要求，用不同的试模制作了117组试块（每组3个试块），进行28 d抗压强度检测，其中40 mm×40 mm×160 mm试块31组、70.7 mm×70.7 mm×70.7 mm试块36组、100 mm×100 mm×100 mm试块34组、150 mm×150 mm×150 mm试块16组，根据试验结果，4种尺寸试块的平均抗压强度值分别为83.6 N/mm^2、74.1 N/mm^2、71.7 N/mm^2、63.4 N/mm^2，按照统计方法评定分别为78.2 N/mm^2、65.7 N/mm^2、62 N/mm^2、58.4 N/mm^2，也就是按照不同的试验方法进行检测，其对应的混凝土强度等级值应该分别乘以0.75、0.85、0.89、0.94的折减系数，本标准按照现行国家标准《水泥胶砂强度检验方法》GB/T 17671进行抗压强度检测，按照试验结果取值，在与混凝土强度进行比较时，应乘以0.75的折减系数。例如，假设墙板的混凝土强度等级值为C35，座浆料的强度应该为35 N/mm^2/0.75 =46.67 N/mm^2，应该选择50 N/mm^2以上强度的座浆料。

对于高层建筑,竖向构件的混凝土强度等级可能达到 C50 以上,因此座浆料的抗压强度要求不小于 70 N/mm^2。

C.0.2 我国近年来预制构件竖向连接多数采用连通腔灌浆法施工,掌握坐浆法施工经验的单位较少,因此应加强培训和工艺检验管理,以保证工程质量。工艺培训的目的主要是保证接缝的饱满,判断标准为构件底部侧边的浆料是否溢出,以及重新提起构件后检查构件与座浆料接触面的饱满性。

坐浆法施工的要点是具有触变性的浆料在构件重力的作用下会被挤出,通过观察构件底部侧边是否溢出浆料,即可判断构件底部与座浆料的接触和排气情况,并结合百格网检查法,可以进一步评估构件与座浆料接触的饱满度,考虑到大多数墙体的厚度均为 200 mm,因此本标准将百格网的规格确定为 200 mm×200 mm,一般在不同部位检测 3 次取平均值。

C.0.3 采用坐浆法安装时,应先湿润结合面层,但不应有积水,座浆层应选用专用座浆料铺设,其强度应符合设计及本标准要求。

当安装的构件为不带保温的外墙或者内墙时,座浆料应铺设为中间高两边低的形式;当安装的构件为带保温的三明治墙板时,座浆料应由带保温一侧向内墙侧形成倾斜面铺设。

铺设座浆料后,在每根外露钢筋上安装防堵垫片,防堵垫片为弹性的 EVA 薄片,金属垫片应粘贴弹性密封条。

构件在起吊前,连接的钢筋位置应确保准确可靠,一般采用 L 型的 7 字码作为辅助定位装置,并提前准确固定在构件边缘,构件下落到座浆层面附近时,应停顿进行位置调整并使构件紧贴 7 字码,确保构件下落就位一次完成,避免由于构件位置不准确,造成构件多次吊起或者错动构件,不但费时费力,还会造成座浆层与构件连接不密实。

如果是采用连通腔灌浆法,也宜采用辅助定位装置进行安装,构件紧贴 7 字码下滑可以实现一次性准确定位,并可以节省下部调节斜撑。

C.0.4 竖向构件采用座浆法安装时，一般在构件安装调节准确后即可进行逐个套筒灌浆，也可以在座浆料达到一定强度后，再对套筒进行灌浆。

构件安装时底面受挤压溢出的座浆料，只要还在初凝前，且未受污染，可以及时回收再用，以减少浪费。因此，在构件安装前，安装部位的结合面及构件周围 200 mm 范围内应进行清理，确保不得有碎屑和杂物，防止构件安装时挤压溢出的座浆料被污染，挤压溢出的拌合物应在构件安装完成后及时回收。

座浆料性能与含水率有很大的关系，气温过高时，座浆料拌合物容易快速失水，因此需要对接缝部位采取适当的养护措施，雨季施工时，接缝部位容易被雨水浸泡造成座浆料强度下降，不宜施工。